ZEITSCHRIFT FÜR ANGEWANDTE MATHEMATIK UND MECHANIK

INGENIEURWISSENSCHAFTLICHE FORSCHUNGSARBEITEN

BAND 63   1983   HEFT 12

AUS DEM INHALT

H A U P T A U F S Ä T Z E

THEORIA CUM PRAXI

A K A D E M I E - V E R L A G · B E R L I N

ISSN 0044-2267   Z. Angew. Math. u. Mech., Berlin **63** (1983) 12, 589—648   EVP 18,— M

INHALT

Wir bitten, **Manuskriptsendungen** zweifach (Original und eine Kopie, sprachlich einwandfrei, Formeln mit Maschine oder in Druckschrift geschrieben) an folgende Anschrift zu richten:

Zeitschrift für Angewandte Mathematik und Mechanik
Institut für Mechanik der Akademie der Wissenschaften der DDR
DDR-1199 Berlin, Rudower Chaussee 5

Zu den Arbeiten, die als Hauptaufsätze bestimmt sind, ist auf gesondertem Blatt eine Zusammenfassung von 5 bis 10 Zeilen in englischer und (möglichst) deutscher und russischer Sprache beizufügen. Ausführliche Hinweise für die Autoren, um deren strikte Berücksichtigung gebeten wird, finden sich im Anschluß an das Inhaltsverzeichnis des letzten Jahrganges.

Die Autoren erhalten von den Hauptaufsätzen 75, von den Kleinen Mitteilungen 25 Sonderdrucke ohne Berechnung, darüber hinaus weitere Sonderdrucke gegen Berechnung.

Der Verlag behält sich für alle Beiträge das Recht der Vervielfältigung und Übersetzung vor.

Bestellungen sind zu richten

— **in der DDR** an den Postzeitungsvertrieb unter Angabe der Kundennummer des Bestellenden oder an den AKADEMIE-VERLAG, DDR-1086 Berlin, Leipziger Str. 3—4, PSF 1233;

— **im sozialistischen Ausland** an eine Buchhandlung für fremdsprachige Literatur oder an den zuständigen Postzeitungsvertrieb;

— **in der BRD und Berlin(West)** an eine Buchhandlung oder an die Auslieferungsstelle KUNST UND WISSEN, Erich Bieber OHG, Wilhelmstr. 4—6, D-7000 Stuttgart 1;

— **in den übrigen westeuropäischen Ländern** an eine Buchhandlung oder an die Auslieferungsstelle KUNST UND WISSEN, Erich Bieber GmbH, Dufourstr. 51, CH-8008 Zürich;

— **im übrigen Ausland** an den Internationalen Buch- und Zeitschriftenhandel; den Buchexport, Volkseigener Außenhandelsbetrieb der Deutschen Demokratischen Republik, DDR-7010 Leipzig, Postfach 160; oder an den AKADEMIE-VERLAG, DDR-1086 Berlin, Leipziger Str. 3—4, PSF 1233.

ZEITSCHRIFT FÜR ANGEWANDTE MATHEMATIK UND MECHANIK

Herausgeber und Chefredakteur: Prof. Dr. Günter Schmidt. Redaktion: Dipl.-Math. Friedhild Dudel, Dr. Winfried Heinrich, Bernhilde Müllenhaupt, Dr. Horst Weinert, Institut für Mechanik der Akademie der Wissenschaften der DDR. Verlag: Akademie-Verlag, DDR-1086 Berlin, Leipziger Straße 3—4; Fernruf: 2236221 oder 2236229; Telex-Nr.: 114420; Bank: Staatsbank der DDR, Berlin, Kto.-Nr.: 6886-26-20712. Anschrift der Redaktion: Institut für Mechanik der Akademie der Wissenschaften, DDR-1199 Berlin, Rudower Chaussee 5; Fernruf: 6743639 oder 6743643.

Veröffentlicht unter der Lizenznummer 1282 des Presseamtes beim Vorsitzenden des Ministerrates der Deutschen Demokratischen Republik. Gesamtherstellung: VEB Druckerei „Thomas Müntzer", 5820 Bad Langensalza. Erscheinungsweise: Die Zeitschrift für Angewandte Mathematik und Mechanik erscheint monatlich. Die 12 Hefte eines Jahres einschließlich Tagungshefte bilden einen Band. Bezugspreis je Band 360,— M zuzüglich Versandspesen (Preis für die DDR 216,— M). Bezugspreis je Heft 30,— M (Preis für die DDR 18,— M). Bestellnummer dieses Heftes: 1009/63/12.

AN (EDV) 35937

ZAMM 63, 589 – 598 (1983)

PRADEEP KUMAR / A. C. JAIN

Transverse Curvature Effects on a Slender Cone with Heat Transfer and Angle of Attack

Für das dreidimensionale Grenzschichtproblem werden die Gleichungen in räumlichen Polarkoordinaten für eine kompressible Strömung an einem schlanken Kegel mit Wärmeübertragung und Angriffswinkel gelöst. Die Strömungsfunktionen werden in aufsteigende Potenzen der Parameter bezüglich der transversen Krümmung und des Angriffswinkels entwickelt. Die Gleichungen, die bis zur ersten Ordnung der bestimmenden Parameter korrekt sind, werden mit der Methode der Universellen Funktionen gelöst. Man erhält allgemeine Ausdrücke für die Wärmeübertragung und die Koeffizienten der Grenzschicht in der Längs- und Umfangsrichtung für die Prandtlzahlen 1,0 und 0,72. Für die Prandtl-Zahl 1.0 erhält man die Spezialfälle von Probstein und Elliot [1] und Moore [2]. Es wird gezeigt, daß bei Berücksichtigung der Effekte der transversalen Krümmung und des Angriffswinkels die Reynoldssche Analogie zur Berechnung der Wärmeübertragungskoeffizienten nicht gilt. Die für die Prandtl-Zahl 0,72 vorausberechneten Werte der Wärmeübertragung werden mit experimentellen Daten von Tracy [3] verglichen. Man stellt fest, daß unter Einbeziehung der Effekte der transversalen Krümmung die vorausberechneten Ergebnisse näher bei den experimentellen Daten liegen.

Three-dimensional boundary layer equations in spherical polar coordinates have been solved for compressible flow on a slender cone with heat transfer and angle of attack. Stream functions have been expanded in the ascending powers of the parameters relating to the transverse curvature and the angle of attack. Equations correct up to first order of the governing parameters have been solved by the method of Universal Functions. General expressions for heat transfer and skin friction coefficients in the longitudinal and circumferential directions for Prandtl numbers = 1.0, 0.72 have been obtained. For Prandtl number = 1.0, particular cases of Probstein and Elliot [1] and Moore [2] have been obtained. It is shown that with transverse curvature and angle of attack effects, Reynold's analogy to calculate the heat transfer coefficient is not valid. Predicted values of heat transfer for Prandtl number = 0.72 have been compared with experimental data of Tracy [3]. It is found that with the inclusion of transverse curvature effects, predicted results are closer to the experimental data.

Для трёхмерной задачи о пограничном слое решаются уравнения в сферических полярных координатах для сжимаемого потока около узкого конуса с теплопередачей и с углом атаки. Функции тока разлагаются по возрастающим степеням параметров поперечной кривизны и угла атаки. Уравнения, точные до первого порядка определяющих параметров, решаются методом универсальных функций. Получены общие выражения для передачи теплоты и коэффициенты поверхностного трения в продольном и тангенциальном направлениях для Pr. No. = 1.0, 0.72. Для Pr. No. = 1.0 получены частные случаи Пробштайна и Эллиота [1] и Мура [2]. Показано, что при учёте поперечной кривизны и угла атаки подобие по Рейнольдсу для рассчёта коэффициентов передачи теплоты не справедливо. Рассчитанные для Pr. No. = 0.72 величины передачи теплоты сравниваются с экспериментальными результатами Трэси [3]. Оказалось, что при учёте поперечной кривизны рассчитанные величины лучше соответствуют экспериментальным данным.

Nomenclature

$a = \sin(\theta_c)$, defined in eq. (2.9)

A_1, A_2, A_3, A_4, A_5-parameters related to the circumferential variations of inviscid flow quantities at the surface of the cone and defined by eq. (3.10)

$b = \cos(\theta_c)$, defined in equation (2.9)

$c = \sqrt{C_0/Re_L}$, defined in eq. (2.9)

C_0	Chapman-Rubesin constant
C_p	Specific heat of gas at constant pressure
C_h	$= \dfrac{\dot{q}}{\varrho_0 u_0 C_p (T_{aw} - T_w)}$, Heat transfer coefficient
C_{fr}	$= \dfrac{2\mu}{\varrho_0 u_0^2 r} \dfrac{\partial u}{\partial \theta}\Big\vert_{wall}$, Longitudinal skin friction coefficient
$C_{f\varphi}$	$= \dfrac{2}{\varrho_0 u_0^2} \dfrac{\mu}{r} \dfrac{\partial w}{\partial \theta}\Big\vert_{wall}$, Circumferential skin friction coefficient
f, g	Stream functions for longitudinal and circumferential velocities defined in eq. (3.2).
L	Characteristic length
M	Mach number
N	Defined in eq. (2.16)
$p, \bar{\varrho}, \bar{T}$	Pressure, density and temperature respectively in the boundary layer.
T_{st}	Stagnation temperature corresponding to free stream Mach number.
$\bar{r}, \theta, \varphi$	Coordinate system shown in Fig. 1.
$\mathfrak{R}$	Gas constant
Re_L	Reynolds number, $\dfrac{\bar{\varrho}_0 \bar{u}_0 L}{\bar{\mu}_0}$
$\dot{q}$	Heat transfer rate, $-\dfrac{k}{r} \dfrac{\partial T}{\partial \theta}\Big\vert_{wall}$
Re_r	Reynolds number, $\dfrac{\bar{\varrho}_0 \bar{u}_0 \bar{r}}{\bar{\mu}_0}$
$\bar{u}, \bar{v}, \bar{w}$	velocity components in r, θ and φ-direction
α	angle of attack
γ	ratio of specific heats
δ_r^*	displacement thickness due to longitudinal flow
δ_φ^*	displacement thickness due to circumferential flow
θ_c	semi-vertex cone angle
$\bar{\mu}$	viscosity of gas
ψ, χ	stream functions, defined in eq. (3.1)
λ	modified θ-coordinate, defined in eq. (2.8)
ξ, η	modified coordinates, defined in eq. (3.3)

Subscripts:

0	quantity on the cone surface in symmetric inviscid flow
w	quantity at the wall
e	quantity at the edge of boundary layer
∞	quantity in the free stream.

Unbarred quantities are non-dimensional quantities as defined in eq. (2.8).

1. Introduction

Effects of transverse curvature and angle of attack on the development of compressible boundary layer on a cone have separately been considered under restricted conditions by various investigators. PROBSTEIN and ELLIOT [1] analysed the effect of transverse curvature on various characteristics of the flow when Prandtl number equals unity and CROCCO's relation correlates the velocity and temperature fields. Their results indicate that transverse curvature effects increase skin friction coefficient. Later YASHUHARA [4] derived conditions under which local similarity solutions of the governing equations can exist in the presence of transverse curvature and longitudinal pressure gradient. Numerical solutions of the resulting similar equations for hypersonic flow problems are obtained. MOORE [2] investigated the effect of the angle of attack in the absence of the transverse curvature effect. He developed expansions of stream functions (correct to the first order) in terms of the angle of attack and solved the resulting momentum equation by the method of Universal Functions. His analysis is valid for Prandtl number unity and insulated wall case. He also correlated the velocity and temperature fields by the second CROCCO's relation and derived analytical expressions for surface skin friction coefficients. MOORE [5, 6] further investigated boundary layer at high angle of attack in the plane of symmetry but failed to get unique solution in the leeward plane. These investigators used boundary layer equations in intrinsic coordinate system.

DWYER [7] and BOERICKE [8] solved numerically nonsimilar boundary layer equations on a sharp cone at an angle of attack and compared results of longitudinal and circumferential variations of heat transfer with experimental data of TRACY [3]. LIN and RUBIN [9] solved boundary layer equations on a cone at an angle of attack retaining normal momentum equation which balances pressure gradient with centrifugal force. Second order derivative terms in longitudinal direction were dropped. Computed data predict cross-flow separation and associated helical vortices. The results also predict excess local heating caused by interaction of vortices with boundary layer. LUBARD and HELLIWELL [10] solved Navier-Stokes equations in the shock layer on a cone at an angle of attack after dropping second order longitudinal derivatives. Computed results predict separation bubble and heat transfer quite accurately even upto the leeward plane. These results, although reasonably accurate to describe phenomena on leeward side, depend heavily on numerical computations of the governing equations and require long computer time to calculate surface quantities of interest.

In the present investigation, three-dimensional boundary layer equations for flow on a cone at an angle of attack have been solved in spherical polar coordinates. This system of coordinates seemed convenient to use for flow on a cone particularly when the external conical inviscid flow solutions are available in this coordinate system only. Moreover use of spherical polar coordinate system eleminates the need of MANGLER's transformation. The external inviscid flow outside the boundary layer is prescribed by the analysis of STONE [11] and numerical solutions are given by KOPAL [12] for different prescribed conditions. Consistent with the external flow and to account for the transverse curvature effects, stream functions have been expanded in the ascending powers of parameters relating to the ratio of boundary layer thickness to transverse radius of curvature and the angle of attack. Method of Universal Functions has been used. Twenty-six universal functions arising due to the wall temperature, Mach number, transverse curvature, angle of attack and circumferential external velocity variations have been computed by a fourth order accurate Runge-Kutta method on DEC 1090 computer. General expressions for the heat transfer, the longitudinal and the circumferential skin friction coefficients for Prandtl number = 1.0 and 0.72 have been derived. For Pr. No. = 1 and zero angle of attack, particular case given by PROBSTEIN and ELLIOT [1] is obtained. Also, for Pr.No. = 1, insulated wall case and without transverse curvature effects, the expressions for skin friction coefficients derived by MOORE [2], have been obtained. It is shown that with transverse curvature and angle of attack effects, REYNOLDS analogy to calculate the heat transfer coefficient is not valid. For Pr. No. = 0.72 results of the heat transfer coefficient with and without transverse curvature effects are compared with the experimental result of TRACY [3]. It is found that the present results are closer to the experimental data when the transverse curvature effects are included in the calculation and the agreement between theoretical prediction and experimental data is reasonably good over considerable extent in the circumferential direction.

2. Mathematical Formulation of the Problem

The boundary layer equations in spherical polar coordinates (shown in fig. 1) are the following:

$$\frac{\partial}{\partial\bar{r}}(\bar{\varrho}\bar{r}^2\sin\theta\bar{u})+\frac{\partial}{\partial\theta}(\bar{\varrho}\bar{r}\sin\theta v)+\frac{\partial}{\partial\varphi}(\bar{\varrho}\bar{r}\bar{w})=0\,, \tag{2.1}$$

$$\bar{u}\frac{\partial\bar{u}}{\partial\bar{r}}+\frac{\bar{v}}{\bar{r}}\frac{\partial\bar{u}}{\partial\theta}+\frac{\bar{w}}{\bar{r}\sin\theta}\frac{\partial\bar{u}}{\partial\varphi}-\frac{\bar{w}^2}{\bar{r}}=-\frac{1}{\bar{\varrho}}\frac{\partial\bar{p}}{\partial\bar{r}}+\frac{1}{\bar{\varrho}\bar{r}\sin\theta}\frac{\partial}{\partial\theta}\left(\frac{\bar{\mu}\sin\theta}{\bar{r}}\frac{\partial\bar{u}}{\partial\theta}\right), \tag{2.2}$$

$$\bar{u}\frac{\partial\bar{w}}{\partial\bar{r}}+\frac{\bar{v}}{\bar{r}}\frac{\partial\bar{w}}{\partial\theta}+\frac{\bar{w}}{\bar{r}\sin\theta}\frac{\partial\bar{w}}{\partial\varphi}+\frac{\bar{u}\bar{w}}{\bar{r}}=-\frac{1}{\bar{\varrho}\bar{r}\sin\theta}\frac{\partial\bar{p}}{\partial\varphi}+\frac{1}{\bar{\varrho}\bar{r}}\frac{\partial}{\partial\theta}\left(\frac{\bar{\mu}\sin\theta}{\bar{r}}\frac{\partial}{\partial\theta}\left(\frac{\bar{w}}{\sin\theta}\right)\right), \tag{2.3}$$

$$0=\partial\bar{p}/\partial\theta\,, \tag{2.4}$$

$$C_p\left(\bar{u}\frac{\partial\bar{T}}{\partial\bar{r}}+\frac{\bar{v}}{\bar{r}}\frac{\partial\bar{T}}{\partial\theta}+\frac{\bar{w}}{\bar{r}\sin\theta}\frac{\partial\bar{T}}{\partial\varphi}\right)=\left(\frac{\bar{w}}{\bar{\varrho}\bar{r}\sin\theta}\frac{\partial\bar{p}}{\partial\varphi}+\frac{\bar{u}}{\bar{\varrho}}\frac{\partial\bar{p}}{\partial\bar{r}}\right)+ \\ +\frac{1}{\bar{\varrho}\bar{r}^2\sin\theta}\frac{\partial}{\partial\theta}\left(\frac{\bar{\mu}\sin\theta}{p_r}C_p\frac{\partial\bar{T}}{\partial\theta}\right)+\frac{\bar{\mu}}{\bar{\varrho}\bar{r}^2}\left\{\left(\frac{\partial\bar{u}}{\partial\theta}\right)^2+\sin^2\theta\left(\frac{\partial}{\partial\theta}\left(\frac{\bar{w}}{\sin\theta}\right)\right)^2\right\}, \tag{2.5}$$

$$\bar{p}=\bar{\varrho}\mathcal{R}\bar{T}\,. \tag{2.6}$$

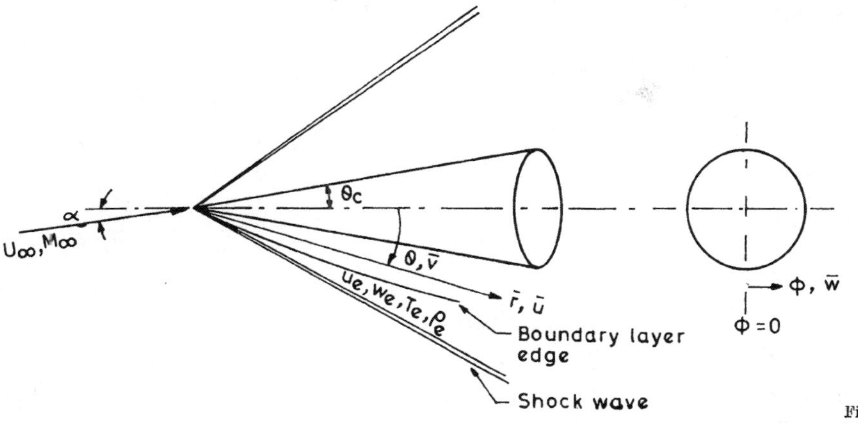

Fig. 1. Coordinate System

Boundary conditions are

$$\left.\begin{array}{lllll}\text{(i) at} & \theta = \theta_c: & \bar{u} = \bar{v} = \bar{w} = 0\,, & & \bar{T} = \bar{T}_w\,, \\ \text{(ii) at} & \theta \to \theta_e: & \bar{u} \to \bar{u}_e\,, & \bar{w} \to \bar{w}_e\,, & \bar{T} \to \bar{T}_e\,. \end{array}\right\} \tag{2.7}$$

Here, $\bar{r}$ is the radial distance from the vertex of cone; θ, φ are the vectorial and azimuthal angles; $\bar{u}$, $\bar{v}$, $\bar{w}$ are the velocity components in the r-, θ- and φ-directions respectively. θ_c is the semi-vertex cone angle. Other symbols are defined in the nomenclature.

Non-dimensionalising the variables with respect to the corresponding inviscid flow quantities on the surface of the cone at zero angle of attack, we get

$$\left.\begin{array}{lll} u = \bar{u}/\bar{u}_0\,, & v = \dfrac{\bar{v}\sin\theta}{\bar{u}_0}\sqrt{Re_L/C_0}\,, & w = \bar{w}/\bar{u}_0\,, \\ \varrho = \bar{\varrho}/\bar{\varrho}_0\,, & R = \bar{r}/L\,, & p = \bar{p}/\bar{\varrho}_0\bar{u}_0^2\,, \\ T = \bar{T}/\bar{T}_0\,, & \lambda = \sqrt{Re_L/C_0}\displaystyle\int_{\theta_C}^{\theta}\sin\theta\,\mathrm{d}\theta\,, & \end{array}\right\} \tag{2.8}$$

where

$$Re_L = \bar{\varrho}_0\bar{u}_0\bar{L}/\bar{\mu}_0$$

and C_0 is Chapman-Rubesin constant for linear μ-T law. Using

$$a = \sin\theta_c\,, \qquad b = \cos\theta_c\,, \qquad c = \sqrt{C_0/Re_L} \tag{2.9}$$

and non-dimensional variables in (2.8) into eqs. (2.1) to (2.6), the governing equations become

$$\frac{\partial}{\partial R}(\varrho R^2 u) + \frac{\partial}{\partial\lambda}(\varrho R v) + \frac{\partial}{\partial\varphi}\left(\frac{\varrho R w}{aN}\right) = 0\,, \tag{2.10}$$

$$u\frac{\partial u}{\partial R} - \frac{v}{R}\frac{\partial u}{\partial\lambda} + \frac{w}{RaN}\frac{\partial u}{\partial\varphi} - \frac{w^2}{R} = -\frac{1}{\varrho}\frac{\partial p}{\partial R} + \frac{1}{\varrho R^2}\frac{\partial}{\partial\lambda}\left(Ta^2N^2\frac{\partial u}{\partial\lambda}\right), \tag{2.11}$$

$$u\frac{\partial w}{\partial R} - \frac{v}{R}\frac{\partial w}{\partial\lambda} + \frac{w}{RaN}\frac{\partial w}{\partial\varphi} + \frac{uw}{R} = -\frac{1}{\varrho RaN}\frac{\partial p}{\partial\varphi} + \frac{N}{\varrho R^2}\frac{\partial}{\partial\lambda}\left[Ta^2N^2\frac{\partial}{\partial\lambda}\left(\frac{w}{N}\right)\right], \tag{2.12}$$

$$\begin{aligned} u\frac{\partial T}{\partial R} - \frac{v}{R}\frac{\partial T}{\partial\lambda} + \frac{w}{RaN}\frac{\partial T}{\partial\varphi} = {} & \frac{(\gamma-1)\,M_0^2}{\varrho}\left(u\frac{\partial p}{\partial R} + \frac{w}{RaN}\frac{\partial p}{\partial\varphi}\right) + \frac{1}{Pr}\frac{\partial}{\partial\lambda}\left(Ta^2N^2\frac{\partial T}{\partial\lambda}\right) + \\ & -(\gamma-1)\,M_0^2\frac{T}{\varrho R^2}a^2N^2\left\{\left(\frac{\partial u}{\partial\lambda}\right)^2 + N^2\left[\frac{\partial}{\partial\lambda}\left(\frac{w}{N}\right)\right]^2\right\}, \end{aligned} \tag{2.13}$$

$$p = \varrho T/\gamma M_0^2\,. \tag{2.14}$$

Boundary conditions become

$$\left.\begin{array}{lllll}\text{(i) at} & \lambda = 0: & u = v = w = 0\,, & & T = T_w\,, \\ \text{(ii) at} & \lambda \to \infty: & u \to u_e\,, & w \to w_e\,, & T \to T_e \end{array}\right\} \tag{2.15}$$

where

$$N = \frac{\sin\theta}{\sin\theta_c} = \sqrt{1 + \frac{2bc}{a^2}\lambda - \frac{c^2}{a^2}\lambda^2}\,. \tag{2.16}$$

3. Method of Solution

Introducing the stream functions ψ and χ such that

$$\psi_\lambda = \varrho R^2 u\,, \qquad \chi_\lambda = \frac{\varrho R w}{a N} \tag{3.1}$$

the continuity eq. (2.10) becomes

$$\psi_R + \chi_\varphi = -\varrho R v\,. \tag{3.2}$$

Using the transformation

$$\left.\begin{aligned} &\xi = \frac{bc}{a\sqrt{R}}\,, \qquad \eta = \sqrt{\frac{3}{2}\,\frac{bc}{a^2\xi}}\left(\frac{p}{p_0}\right)^{-1/2}\int\limits_0^\lambda \varrho\,\mathrm{d}\lambda\,,\\ &\psi = \sqrt{\frac{2}{3}}\left(\frac{p}{p_0}\right)^{1/2}\frac{b^3c^3}{a^2\xi^3}f(\xi,\eta,\varphi)\,, \qquad \chi = \sqrt{\frac{2}{3}}\left(\frac{p}{p_0}\right)^{1/2}\frac{bc}{a\xi}\,g(\xi,\eta,\varphi) \end{aligned}\right\} \tag{3.3}$$

and conical flow assumption,

$$\partial p/\partial R = 0 \tag{3.4}$$

eqs. (2.11) to (2.14) become

$$\frac{\partial}{\partial\eta}(N^2 f_{\eta\eta}) + \left[f + \frac{1}{3a}\left(2g_\varphi + \frac{p_\varphi}{p}g\right)\right]f_{\eta\eta} - \frac{2}{3a}g_\eta f_{\eta\varphi} + \frac{2}{3}N^2 g_\eta^2 = \frac{\xi}{3}(f_{\eta\eta}f_\xi - f_\eta f_{\eta\xi})\,, \tag{3.5}$$

$$\begin{aligned} N\frac{\partial}{\partial\eta}(N^2 g_{\eta\eta}) + \left[f + \frac{1}{3a}\left(2g_\varphi + \frac{p_\varphi}{p}g\right)\right](Ng\eta)_\eta - \frac{2}{3a}g_\eta(Ng_\eta)_\varphi -&\\ -\frac{2}{3}Nf_\eta g_\eta - \frac{2}{3a}\frac{p_\varphi}{\varrho N} = \frac{\xi}{3}\{f_\xi(Ng_\eta)_\eta - f_\eta(Ng_\eta)_\xi\}\,,& \end{aligned} \tag{3.6}$$

$$\begin{aligned} \frac{1}{Pr}\frac{\partial}{\partial\eta}(N^2T_\eta) + \left[f + \frac{1}{3a}\left(2g_\varphi + \frac{p_\varphi}{p}g\right)\right]T_\eta -&\\ -\frac{2}{3}g_\eta T_\varphi + (\gamma-1)\,M_0^2\left\{N^2(f_{\eta\eta}^2 + N^2 g_{\eta\eta}^2) + \frac{2}{3a}\frac{1}{\varrho}g_\eta p_\varphi\right\} = \frac{\xi}{3}(f_\xi T_\eta - f_\eta T_\xi)\,,& \end{aligned} \tag{3.7}$$

$$p = T\varrho/\gamma M_0^2\,. \tag{3.8}$$

Boundary conditions are

$$\left.\begin{aligned} &\text{(i)}\ \text{at}\ \eta = 0\colon\ f = g = f_\eta = g_\eta = 0\,, \qquad T = T_w\,,\\ &\text{(ii)}\ \text{at}\ \eta\to\infty\,, \quad f_\eta \to u_e\,, \quad Ng_\eta \to w_e\,, \quad T \to T_e\,. \end{aligned}\right\} \tag{3.9}$$

Here, subscripts ξ, η, φ denote derivatives with respect to the variables. It should be noted here that ξ represents ratio of boundary layer thickness to transverse radius of curvature.

On the basis of conical flow assumption, STONE [11] analysed the inviscid flow on a cone at an angle of attack. KOPAL [12] computed the numerical results and provided solutions for various free streams and semi-vertex cone angles. On the surface of the cone, the external flow field is given by

$$\begin{aligned} &u_e = 1 + \alpha A_1\cos\varphi + \ldots\,, \qquad w_e = \alpha A_2\sin\varphi + \ldots\,, \qquad T_e = 1 + \alpha A_3\cos\varphi + \ldots\,,\\ &\frac{p}{p_0} = 1 + \alpha A_4\cos\varphi + \ldots\,, \qquad \varrho = 1 + \gamma A_5\cos\varphi + \ldots \end{aligned} \tag{3.10}$$

where A_1, A_3, A_4, A_5 are directly taken from KOPAL's tables [12] and A_2 is corrected for computational error as per suggestion of MOORE [2] for any given free stream Mach number and semivertex cone angle.

Consistant with the external flow variables in eq. (3.10) we assume the expansions of f, g and T (correct to first order) in ξ and α in the following form:

$$\begin{aligned} &f = f_{00} + \xi f_{10} + \alpha A_1\cos\varphi\, f_{01} + \ldots\,, \qquad g = \alpha A_2\sin\varphi\, g_{01} + \ldots\,,\\ &T = T_{00} + \xi T_{10} + \alpha A_3\cos\varphi\, T_{01} + \ldots \end{aligned} \tag{3.11}$$

Substituting eqs. (3.11) into eqs. (3.5) to (3.9) and collecting terms of like powers of ξ and α, we get the following equations:

$$f_{00}''' + f_{00}f_{00}'' = 0\,, \tag{3.12}$$

$$\frac{1}{Pr}T_{00}'' + f_{00}T_{00}' = -(\gamma-1)\,M_0^2 f_{00}''^2\,, \tag{3.13}$$

$$f_{10}''' + f_{00}f_{10}'' + \tfrac{1}{3}f_{00}'f_{10}' + \tfrac{2}{3}f_{00}''f_{10} = -2\sqrt{2/3}\,f_{00}'''\int\limits_0^\eta T_{00}\,\mathrm{d}\eta - 2\sqrt{2/3}\,f_0''T_{00}\,, \tag{3.14}$$

$$\frac{1}{Pr} T''_{10} + f_{00}T'_{10} + \frac{1}{3} f'_{00} T_{10} =$$

$$= -\frac{2}{3} f_{10}T'_{00} - 2(\gamma - 1) M_0^2 f''_{00}f''_{10} - 2\sqrt{2/3}(\gamma - 1) M_0^2 f''_{00} \int_0^\eta T_{00}\, d\eta -$$

$$- 2\sqrt{2/3}(\gamma - 1) M_0^2 (T''_{00} \int_0^\eta T_{00}\, d\eta + T_{00}T''_{00}) , \tag{3.15}$$

$$g'''_{01} + f_{00}g''_{01} - \frac{2}{3} f'_{00}g'_{01} = \frac{2}{3a} \frac{A_4}{\gamma M_0^2 A_2} T_{00} , \tag{3.16}$$

$$f'''_{01} + f_{00}f''_{01} + f''_{00}f_{01} = -\frac{2}{3} \frac{A_2}{aA_1} f''_{00}g_{01}, \tag{3.17}$$

$$\frac{1}{Pr} T''_{01} + f_{00}T'_{01} = -\left(\frac{A_1}{A_3} f_{01} + \frac{2}{3a} \frac{A_2}{A_3} g_{01}\right) T'_{00} - 2(\gamma - 1) M_0^2 \frac{A_1}{A_3} f''_{01}f''_{00} . \tag{3.18}$$

Boundary conditions become

(i) at $\eta = 0$: $f_{00} = f_{10} = f_{01} = g_{01} = 0$, $f'_{00} = f'_{10} = f'_{01} = g'_{01} = 0$, $T_{00} = T_w$, $T_{10} = T_{01} = 0$, (3.19a)

(ii) at $\eta \to \infty$: $f'_{00} \to 1$, $f'_{10} \to 0$, $f'_{01} \to 1$, $g'_{01} \to 1$, $T_{00} \to 1$, $T_{01} \to 1$, $T_{10} \to 0$. (3.19b)

Here, a prime over a variable represents its differentiation with respect to η.

Eq. (3.12) is non-linear. Eqs. (3.13) to (3.18) are linear equations with split boundary conditions. The solution of these equations depends upon the prescribed conditions T_w, M_0, A_1, A_2, A_3 and A_4. Hence, for each set of prescribed conditions, these equations have to be integrated. In order to avoid this problem, we split each term of the stream and temperature functions in eqs. (3.11) into universal functions. The equations governing them become independent of the prescribed conditions. Thus these equations have to be integrated once for all and then, the various characteristics of the flow can be computed by simple algebraic calculations.

Keeping in view the boundary conditions (3.19 a, b) and the non-homogeneous parts in eqs. (3.13) to (3.18) we have

$$T_{00} = T_w + (1 - T_w) T_{001} + (\gamma - 1) M_0^2 T_{002} , \tag{3.20}$$

$$f_{10} = T_w f_{101} + (1 - T_w) f_{102} + (\gamma - 1) M_0^2 f_{103} , \tag{3.21}$$

$$T_{10} = (1 - T_w) [T_w T_{101} + (1 - T_w) T_{103}] + (\gamma - 1) M_0^2 [T_w T_{102} + (1 - T_w) T_{104} + (\gamma - 1) M_0^2 T_{105}] , \tag{3.22}$$

$$g_{01} = g_{011} + T_w g_{012} + (\gamma - 1) M_0^2 g_{013} , \tag{3.23}$$

$$f_{01} = \frac{A_2}{aA_1} \{f_{011} + T_w f_{012} + (\gamma - 1) M_0^2 f_{013}\} + f_{014} , \tag{3.24}$$

$$T_{01} = T_{011} + \frac{A_2}{aA_3} \{(1 - T_w)(T_{012} + T_w T_{013}) + (\gamma - 1) M_0^2 [T_{014} + T_w T_{015} + (\gamma - 1) M_0^2 T_{016}]\} +$$

$$+ \frac{A_1}{A_3} \{(1 - T_w) T_{017} + (\gamma - 1) M_0^2 T_{018}\} . \tag{3.25}$$

For the sake of brevity, we write below the governing equations for a few universal functions:

$$L_1(T_{001}) = 0 , \quad L_1(T_{002}) = -f''^2_{00} , \quad \text{where } L_1(T) = \frac{1}{Pr} T'' + f_{00}T' , \tag{3.26}$$

$$L_2(f_{101}) = -2\sqrt{2/3}(f''_{00} + \eta f'''_{00}) , \quad L_2(f_{102}) = -2\sqrt{2/3}(f''_{00}T_{001} + f'''_{00} \int_0^\eta T_{001}\, d\eta) , \tag{3.27}$$

$$L_2(f_{103}) = -2\sqrt{2/3}(f''_{00}T_{002} + f'''_{00} \int_0^\eta T_{002} d_\eta)$$

where

$$L_2(f) = f''' + f_{00}f'' + \tfrac{1}{3} f'_{00}f' + \tfrac{2}{3} f''_{00}f .$$

The boundary conditions for the universal functions in eqs. (3.26) and (3.27) are given below:

(i) at $\eta = 0$: $T_{001} = 0$, $T_{002} = 0$, $f_{101} = f_{102} = f_{103} = 0$, $f'_{101} = f'_{102} = f'_{103} = 0$, (3.28a)

(ii) at $\eta \to \infty$: $T_{001} \to 1$, $T_{002} \to 0$, $f'_{101} \to 0$, $f'_{102} \to 0$, $f'_{103} \to 0$. (3.28b)

Equations governing other universal functions and the corresponding boundary conditions can be derived in the same way. These equations are given in ref. (13).

We notice that the governing equations for these universal functions and boundary conditions are independent of the prescribed conditions and have to be integrated numerically in a recursive manner. These universal functions are integrated by a fourth order accurate Runge-Kutta method and complete table for them is available from the authors. Table 1 gives the values of the surface quantities that determine the skin friction and heat transfer coefficients.

4. Results and Discussion

The surface characteristics of the boundary layer such as skin friction and heat transfer coefficients can be evaluated by using the computed results of universal functions, given in Table 1.

Table 1. Surface Values of Universal Functions

Surface quantity	Pr. No. = 0.72	Pr. No. = 1.0	Surface quantity	Pr. No. = 0.72	Pr. No. = 1.0
f''_{00}	0.4696	0.4696	T'_{105}	0.0096	0.0163
T'_{001}	0.4181	0.4696	f''_{011}	0.1759	0.1834
T'_{002}	0.1772	0.2348	f''_{012}	0.0708	0.0633
f''_{101}	0.3875	0.3875	f''_{013}	0.0122	0.0134
f''_{102}	0.1267	0.1400	f''_{014}	0.7044	0.7044
f''_{103}	0.0260	0.0327	T'_{011}	0.4181	0.4696
g''_{011}	0.5691	0.5993	T'_{012}	0.1555	0.1834
g''_{012}	0.5070	0.4767	T'_{013}	0.0587	0.0633
g''_{013}	0.0527	0.0649	T'_{014}	0.0759	0.1051
T'_{101}	0.3757	0.3875	T'_{015}	0.0174	0.0182
T'_{102}	0.2029	0.2807	T'_{016}	0.0043	0.0067
T'_{103}	0.1323	0.1400	T'_{017}	0.2090	0.2348
T'_{104}	0.0705	0.1027	T'_{018}	0.4430	0.5870

The skin friction coefficients for radial and circumferential directions and heat transfer coefficient for Prandtl number 1.0 are given as follows:

$$C_{fr} = \frac{2\bar{\mu}_w}{\bar{\varrho}_0 \bar{u}_0^2 \bar{r}} \frac{\partial \bar{u}}{\partial \theta}\bigg|_{\text{wall}} =$$

$$= \sqrt{\frac{6Co}{Re_r}} \left[0.4696 + F_1(T_w, M_0)\, \xi + \left\{ 0.7044 A_1 + 0.2348 A_4 + F_2(T_w, M_0) \frac{A_2}{a} \right\} \alpha \cos\varphi \right], \tag{4.1}$$

$$C_{f\varphi} = \sqrt{\frac{6Co}{Re_r}}\, G_1(T_w, M_0)\, \alpha A_2 \sin\varphi\,, \tag{4.2}$$

$$C_h = \sqrt{\frac{3}{2}\frac{Co}{Re_r}} \cdot \frac{1}{T_{aw} - T_w} \left[H_1(T_w, M_0) + H_2(T_w, M_0)\, \xi + \right.$$

$$\left. + \left\{ 0.4696 A_3 + \frac{H_1(T_w, M_0)}{2} A_4 + H_3(T_w, M_0) \frac{A_2}{a} + H_4(T_w, M_0)\, A_1 \right\} \alpha \cos\varphi \right], \tag{4.3}$$

where

$$F_1(T_w, M_0) = 0.1400 + 0.2475\, T_w + 0.0327(\gamma - 1)\, M_0^2\,,$$

$$F_2(T_w, M_0) = 0.1834 + 0.0633\, T_w + 0.01342(\gamma - 1)\, M_0^2\,,$$

$$G_1(T_w, M_0) = 0.5993 + 0.4767\, T_w + 0.0648(\gamma - 1)\, M_0^2\,,$$

$$H_1(T_w, M_0) = 0.4696(1 - T_w) + 0.2348(\gamma - 1)\, M_0^2\,,$$

$$H_2(T_w, M_0) = \{0.3875 T_w + 0.1400(1 - T_w)\}\,(1 - T_w) + \{0.2807 T_w + 0.1027(1 - T_w) + $$
$$+ 0.01634(\gamma - 1)\, M_0^2\}(\gamma - 1)\, M_0^2\,,$$

$$H_3(T_w, M_0) = \{0.1834 + 0.0633 T_w\}\,(1 - T_w) +$$
$$+ \{0.1051 + 0.01824 T_w + 0.0067(\gamma - 1)\, M_0^2\}\,(\gamma - 1)\, M_0^2\,,$$

$$H_4(T_w, M_0) = 0.2348(1 - T_w) + 0.5870(\gamma - 1)\, M_0^2\,.$$

Expressions $F_1, F_2, G_1, H_1, H_2, H_3, H_4$ are contributions to skin friction and heat transfer due to transverse curvature and angle of attack.

For $\alpha = 0$, the expression for C_{fr} reduces to the one given by PROBSTEIN and ELLIOT [1]. However, it should be noted that ξ used in the present analysis is $(\sqrt{3})$ times the one used by PROBSTEIN and ELLIOT [1].

$$C_{fr}|_{\alpha=0} = \sqrt{\frac{6Co}{Re_r}}\, \{0.4696 + (0.1400 + 0.2475 T_w + 0.0327(\gamma - 1)\, M_0^2)\, \xi\}\,, \tag{4.4}$$

$$C_h|_{\alpha=0} = \sqrt{\frac{3}{2}\frac{Co}{Re_r}} \left\{ 1 - T_w + \frac{\gamma - 1}{2} M_0^2 \right\} \cdot \frac{1}{T_{ow} - T_w} \Big\} \times$$
$$\times \{0.4696 + (0.1400 + 0.2475 T_w + 0.0327(\gamma - 1)\, M_0^2)\, \xi\}.) \tag{4.5}$$

This shows that REYNOLDS analogy is valid for Pr. No. $= 1.0$ even in the presence of transverse curvature effects. It should be noticed that this analogy does not hold when the effect of angle of attack is considered. Also, for the insulated wall case and no transverse curvature effects, the expressions (4.1) and (4.2) for C_{fr} and $C_{f\varphi}$ reduce to the expressions given by MOORE [2]. The expressions (4.1) to (4.5) show that skin friction and heat transfer increase with the increase in transverse curvature parameter ξ, angle of attack α, Mach number M_0 and wall temperature T_w.

The expressions for skin friction-coefficients in radial and circumferential directions and heat transfer coefficient for $Pr = 0.72$ are given by

$$C_{fr} = \sqrt{\frac{6Co}{Re_r}}\left[0.4696 + F_3(T_w, M_0)\,\xi + \left(0.7044A_1 + 0.2348A_4 + F_4(T_w, M_0)\frac{A_2}{a}\right)\alpha\cos\varphi\right], \tag{4.6}$$

$$C_{f\varphi} = \sqrt{\frac{6Co}{Re_r}}\, G_2(T_w, M_0)\, A_2\alpha \sin\varphi\,, \tag{4.7}$$

$$C_h = \sqrt{\frac{3}{2}\cdot\frac{Co}{Re_r}}\cdot\frac{1}{T_{aw} - T_w}\Big[H_5(T_w, M_0) + H_6(T_w, M_0)\,\xi + $$
$$+ \left\{0.4181A_3 + \frac{1}{2}H_5(T_w, M_0)\,A_4 + H_7(T_w, M_0)\frac{A_2}{a} + H_8(T_w, M_0)\,A_1\right\}\alpha\cos\varphi\Big] \tag{4.8}$$

where

$$F_3(T_w, M_0) = 0.1267 + 0.2608T_w + 0.02601(\gamma - 1)\,M_0^2\,,$$
$$F_4(T_w, M_0) = 0.1759 + 0.07084T_w + 0.01124(\gamma - 1)\,M_0^2\,,$$
$$G_2(T_w, M_0) = 0.5691 + 0.5070T_w + 0.0527(\gamma - 1)\,M_0^2\,,$$
$$H_5(T_w, M_0) = 0.4181(1 - T_w) + 0.1772(\gamma - 1)\,M_0^2\,,$$
$$H_6(T_w, M_0) = \{0.3757T_w + 0.1324(1 - T_w)\}\,(1 - T_w) + \{0.2029T_w + 0.0705(1 - T_w) + $$
$$+ 0.0096(\gamma - 1)\,M_0^2\}\,(\gamma - 1)\,M_0^2\,,$$
$$H_7(T_w, M_0) = (0.1555 + 0.0587T_w)\,(1 - T_w) + \{0.0759 + 0.01743T_w + 0.0043(\gamma - 1)\,M_0^2\}\,(\gamma - 1)\,M_0^2$$

and

$$H_8(T_w, M_0) = 0.2090(1 - T_w) + 0.4430(\gamma - 1)\,M_0^2\,.$$

The displacement thicknesses in r- and φ-directions are given by

$$\frac{\delta_r^*}{r}\sqrt{\frac{3}{2}\cdot Re_r/Co} = D_1(T_w, M_0) + D_2(T_w, M_0)\,\xi + $$
$$+ \left\{D_3(T_w, M_0) + D_4(T_w, M_0)\frac{A_2}{a} + D_5(T_w, M_0)\,A_3 + D_1(T_w, M_0)\left(\frac{A_4}{2} - A_5\right)\right\}\alpha\cos\varphi \tag{4.9}$$

and

$$\frac{\delta_\varphi^*}{r}\sqrt{\frac{3}{2}\cdot Re_r/Co} = D_6(T_w, M_0) \tag{4.10}$$

where

$$D_1(T_w, M_0) = -0.1539 + 1.3707T_w + 0.2035(\gamma - 1)\,M_0^2\,,$$
$$D_2(T_w, M_0) = -0.081 + 0.0617T_w - 0.3297T_w^2 + \{0.085 + 0.1243T_w + 0.0183(\gamma - 1)\,M_0^2\}\,(\gamma - 1)\,M_0^2\,,$$
$$D_3(T_w, M_0) = 0.0769 - 0.6853T_w + 0.3053(\gamma - 1)\,M_0^2\,,$$
$$D_4(T_w, M_0) = 0.05274 - 0.4978T_w + 0.1641T_w^2 - $$
$$- \{0.0726 + 0.0486T_w + 0.0036(\gamma - 1)\,M_0^2\}\,(\gamma - 1)\,M_0^2\,,$$
$$D_5(T_w, M_0) = -1.307T_w - 0.2035(\gamma - 1)\,M_0^2$$

and

$$D_6(T_w, M_0) = -0.2722 + 0.9399T_w + 0.1205(\gamma - 1)\,M_0^2\,.$$

Here, also $F_3(T_w, M_0)$ and $F_4(T_w, M_0)$ represent contributions of the transverse curvature and the circumferential velocity to radial skin friction. Figs. 2 a, b show dependence of $F_3(T_w, M_0)$ and $F_4(T_w, M_0)$ respectively on M_0 and T_w. Figs. 2 a, b clearly reveal increase in skin friction with angle of attack, Mach number, transverse curvature and wall temperature. Expression $G_2(T_w, M_0)$ shows circumferential variation of skin friction. Fig. 3 shows its variation with respect to T_w and M_0. Figs. 4a to d show the variations of H_5, H_6, H_7 and H_8 respectively with M_0 and T_w. These represent contributions of unperturbed stream, transverse curvature, circumferential velocity and perturbation in velocity due to the angle of attack along the generator respectively. Figs. 4a to d show that there is increase in heat transfer as T_w and M_0 increase.

For Pr. No. $= 1.0$ we noted that REYNOLDS analogy is valid for axisymmetric flow with transverse curvature effects. For Pr. No. $= 0.72$, expressions (4.6) and (4.8) C_{fr} and C_h for $\alpha = 0$ reduces to

$$C_{fr}|_{\alpha=0} = \sqrt{\frac{6Co}{Re_r}}\,\{0.4696 + (0.1267 + 0.2608T_w + 0.02601(\gamma - 1)\,M_0)\,\xi\} \tag{4.11}$$

and

$$C_h = \sqrt{\frac{3}{2}\frac{Co}{Re_r}}\,\frac{1}{Pr}\,\frac{(1 - T_w) + 0.8476\left(\frac{\gamma - 1}{2}\right) M_0^2}{(T_{aw} - T_w)} \times$$
$$\times \left[0.4181 + \xi \left\{0.1324 + 0.2433 T_w + 0.01434(\gamma - 1)\, M_0^2 + \frac{0.0437 M_0^2 T_w + 0.0035(\gamma - 1)^2 M_0^4}{\left(1 - T_w + 0.8476\left(\frac{\gamma - 1}{2}\right) M_0^2\right)}\right\}\right]. \tag{4.12}$$

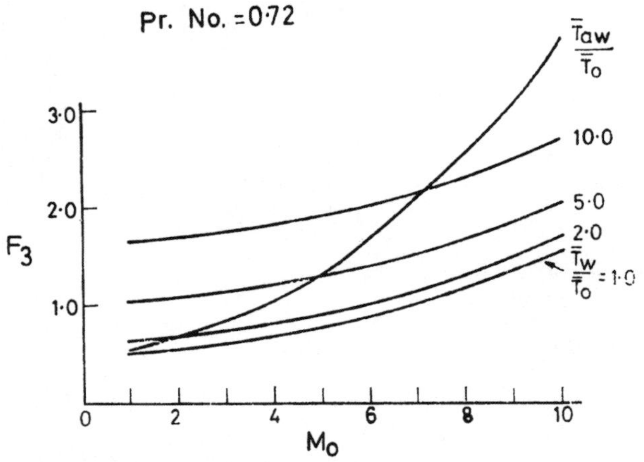

Fig. 2a. Transverse Curvature Effects on Skin Friction Variation in Longitudinal Direction with Mach No. and Wall Temperature

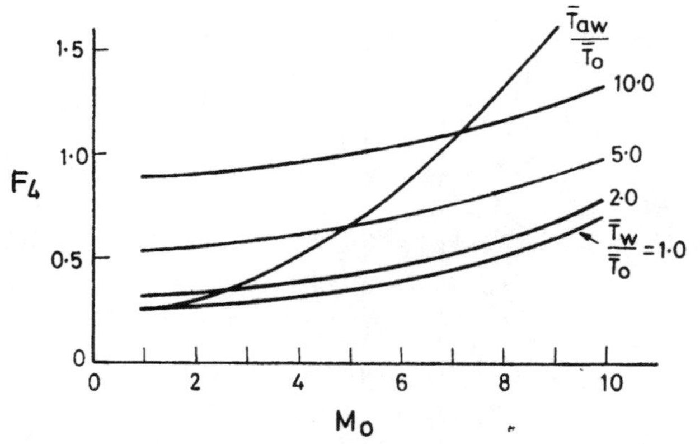

Fig. 2b. Effect of Angle of Attack on Skin Friction Variation in Longitudinal Direction with Mach No. and Wall Temperature

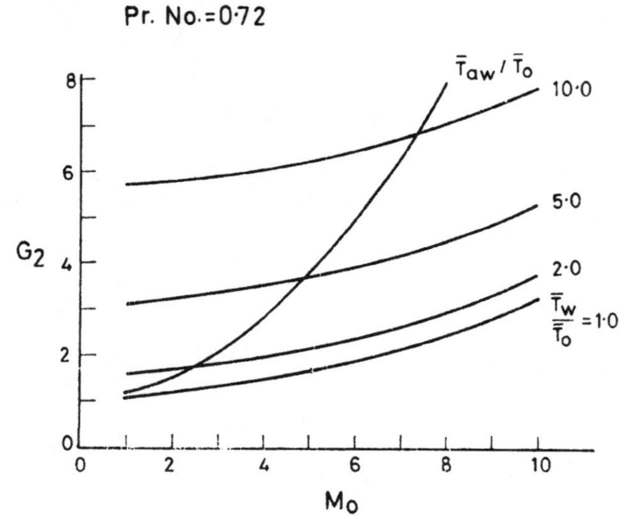

Fig. 3. Circumferential Skin Friction Variation with Mach No. and Wal Temperature

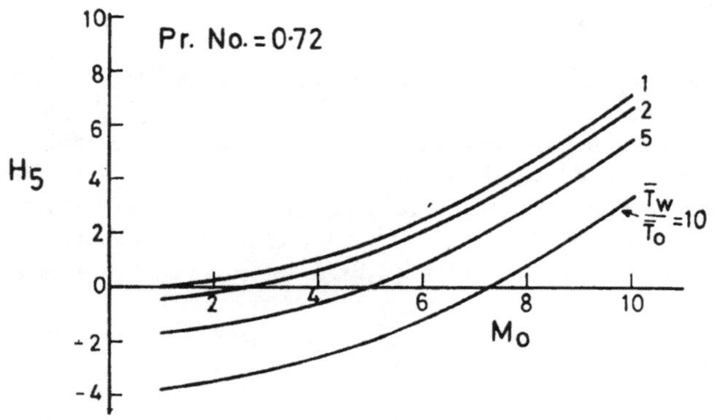

Fig. 4a. Variation of Heat Flux with Mach No. and Surface Temperature

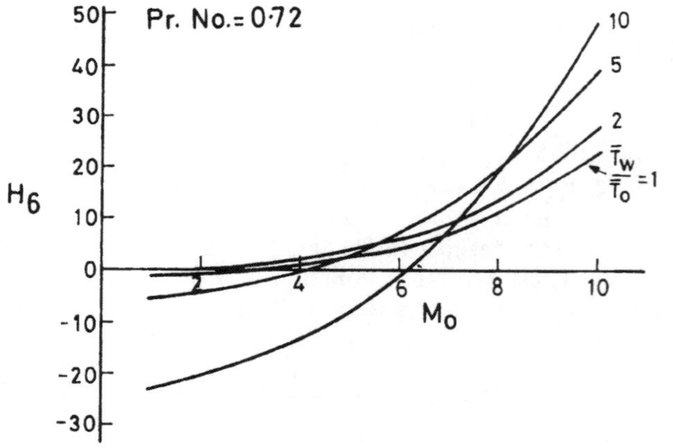

Fig. 4b. Transverse Curvature Effect on Heat Transfer Variation with Mach No. and Surface Temperature

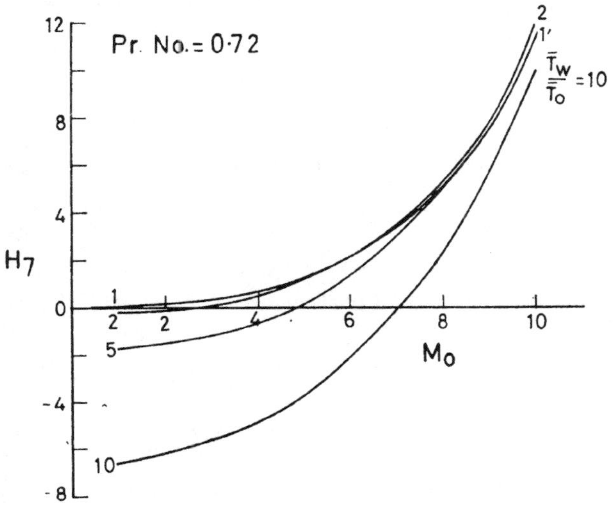

Fig. 4c. Heat Flux Perturbation due to Circumferential Velocity Variation with Mach No. and Surface Temperature

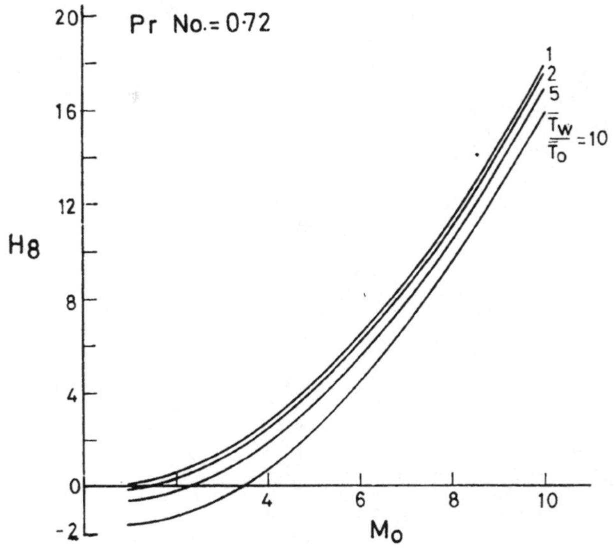

Fig. 4d. Heat Flux Perturbation for Longitudinal Velocity due to Angle of Attack with Mach No. and Surface Temperature

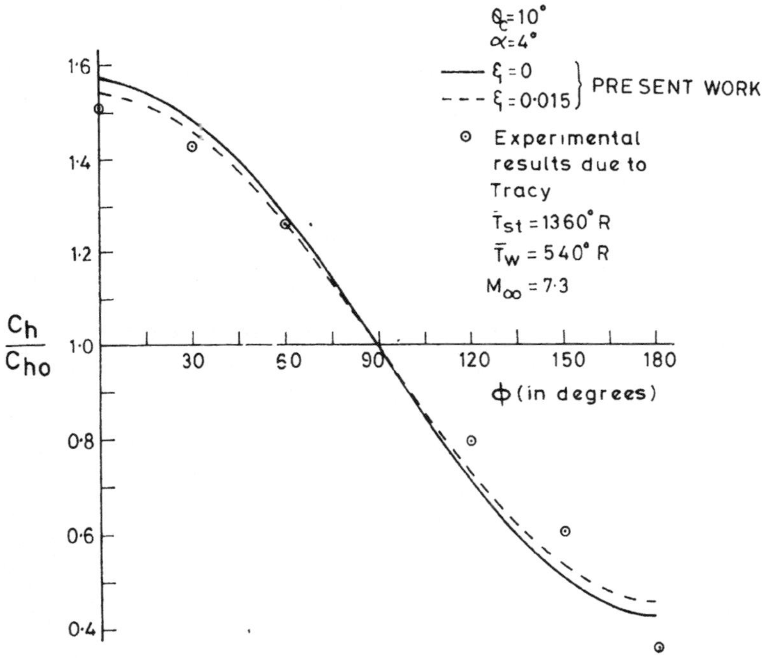

Fig. 5. Comparison of Heat Flux from present calculation with Experimental Data of Tracy

Here, comparison of eqs. (4.11) and (4.12) show that various terms in the two expressions with similar coefficients bear different ratios and there is extra term in eq. (4.12). This implies that for Pr. No. = 0.72, it is not possible to extend REYNOLDS analogy if transverse curvature effects are accounted.

Fig. 5 shows circumferential variation of heat flux with and without transverse curvature effects when Pr. No. = 0.72. Heat flux has been normalised with respect to the heat flux at zero angle of attack. Results are compared with the experimental data of TRACY [3] for a cone of semi-vertex angle $\theta_c = 10°$, $M_\infty = 7.3$, $T_w = 540° R$ and $T_{st} = 1360° R$. The experimental data was taken from DWYER [7] and the value of transverse curvature parameter ξ has been evaluated based on the interaction parameter given by DWYER [7]. Comparison of theoretical prediction and experimental data show that (i) the present calculations succeed to predict heat flux sufficiently far closer in the circumferential direction and (ii) the transverse curvature effects bring the theoretical curve closer to the experimental data.

Concluding Remarks

In the present investigation, analysis has been carried out up to the first order term in the transverse curvature parameter ξ and the angle of attack α. Higher order terms in ξ and α are neglected. As such, the analysis is valid only for small values of ξ and α.

Under conditions where the transverse curvature effects become important viz. the boundary layer thickness is comparable to the body radius, interaction of the viscous fluid with the external inviscid flow should become important. For the time being, we have not considered this aspect of the problem.

References

1 Probstein, R. F.; Elliot, D., The Transverse Curvature Effects in Compressible Axially Symmetric Laminar Boundary Layer Flow, J. Aero. Sc., **23**, pp. 208–224 and 236 (1956).
2 Moore, F. K., Laminar Boundary Layer on a Circular Cone in Supersonic Flow at Small Angle of Attack, NACA TN 2521 (1951).
3 Tracy, R. R., Hypersonic Flow Over a Yawed Circular Cone, Graduate Aerospace Labs, California Institute of Technology, Pasadena, Memo. No. 69, (1963).
4 Yashuhara, M., Axisymmetric Viscous Flow Past Very Slender Bodies of Revolution, J. Aero. Sc. **29**, pp. 667–679 (1962).
5 Moore, F. K., Laminar Boundary Layer on a Cone in Supersonic Flow at Large Angle of Attack, NACA TR 1132 (1953).
6 Moore, F. K., Three Dimensional Boundary Layer Flow, J. Aero. Sc. **20**, pp. 525–534 (1953).
7 Dwyer, H. A., Boundary Layer on a Hypersonic Sharp Cone at Small Angle of Attack, AIAA J. **9**, pp. 277–284 (1971).
8 Boericke, R. R., The Laminar Boundary Layer on a Cone at Incidence in Supersonic Flow, AIAA J., **9**, pp. 462–468 (1971).
9 Lin, T. C.; Rubin, S. G., Viscous Flow Over a Cone at Moderate Incidence, Part II, Supersonic Boundary Layer, JFM **59**, pp. 593–620, (1973).
10 Lubard, S. C.; Helliwell, W. S., Calculation of Flow on a Cone at High Angle of Attack, AIAA J., **12**, pp. 965–975 (1974).
11 Stone, A. H., On Supersonic Flow Past Slightly Yawing Cones I, J. Maths. and Phys., **27**, pp. 67–81 (1948); Also, The Aerodynamics of a Slightly Yawing Supersonic Cones, NDRC Report Div. 1 (1944).
12 Kopal, Z., Table of Supersonic Flow Around Yawing Cones, M.I.T. Deptt. Elec. Engg., Centre of Analysis, Technical Report 3, Cambridge, Mass. (1947).
13 Jain, A. C.; Pradeep Kumar, Laminar Boundary Layer over a Cone at an Angle of Attack in Conical Flow, Deptt. Aero. Engg. I.I.T. Kanpur, Nov. 72, Also, The Report Submitted to Vikram Sarabhai Space Centre, Trivandrum, (1972).

Received 1982 May 5

Address: Dr. A. C. Jain, Professor, Department of Aeronautical Engineering, Indian Institute of Technology Kanpur, I.I.T. Post Office, Kanpur – 208016, U.P., India

ZAMM 63, 599 – 606 (1983)

K. BAUERFEIND

Zur numerischen Berechnung der stationären turbulenten Blasenströmung in senkrechten Kanälen

Für den Fall der ebenen turbulenten Blasenströmung zwischen parallelen Wänden werden die zeitlich gemittelten Grundgleichungen des Zwei-Fluid-Modells unter Verwendung empirischer Ansätze für die Turbulenz- und Phasenwechselwirkungs-Terme mit einem Finite-Differenzen-Verfahren gelöst. Konvergenz und Stabilität des Verfahrens werden anhand berechneter Profilentwicklungen wichtiger Strömungsparameter nachgewiesen.

In the case of the plane turbulent gas-liquid bubbly flow between parallel walls the time-averaged basic equations for the two-fluid model are solved by a finite-difference method with the use of empirical relations for terms of turbulent fluxes and interfacial momentum transfer. Convergence and stability of the solution are shown by means of computed profile developments of the important flow parameters.

Для случая плоского турбулентного пузырькового течения между параллельными стенками разностным методом решаются осреднённые по времени основные уравнения двухжидкостной модели при применении эмпирических отношений для слагаемых, описывающих турбулентный поток и межфазный поток импульса. Вычисленное поведение важных параметров течения показывает сходимость и устойчивость применяемого метода.

Formelzeichen

B	Turbulenzparameter [–]
C_D	Widerstandsbeiwert [–]
D	Deformationsgeschwindigkeitstensor [1/s]
d	Blasendurchmesser [m]
g	Gravitationsbeschleunigung [m/s²]
H	Krümmung [1/m]
M	spez. Phasenwechselwirkungskraft [N/m³]
p	Druck [N/m²]
Re	Reynoldszahl [–]
u	Geschwindigkeit [m/s]
x	Koordinate [m]
I, II, III	erste, zweite, dritte Invariante eines Tensors
α	Phasenanteil [–]
ε	Fehlerschranke [–]
μ	dynamische Viskosität [kg/(m · s)]
μ^*	Turbulenzparameter [–]
ϱ	Dichte [kg/m³]
σ	Oberflächenspannung [N/m]
τ	Schubspannung [N/m²]
τ^*	Wandschubspannungs-Geschwindigkeit [m/s]

hochgestellte Indizes

c	kontinuierliche Phase
d	disperse Phase
i	Phasengrenzfläche
k	für c oder d
m	Gemisch-
max	maximal
T	turbulent
W	Wand-
o	Anfangsquerschnitt
$'$	Schwankungs-
$=$	phasen- und zeitgemittelt

tiefgestellte Indizes

1	in x_1-Richtung
2	in x_2-Richtung
3	in x_3-Richtung
i	Laufvariable $(1, i_n)$
j	Laufvariable $(1, j_n)$

1. Einleitung

Mehrphasenströmungen kommen in vielen technischen Systemen vor, deren optimale Konstruktion und sicherer Betrieb wachsende Bedeutung erlangen, aber nur zu erreichen sind, wenn die Kenntnisse über derartige Strömungen bedeutend erweitert werden. Schon das Vorhandensein von zwei Phasen vervielfacht die möglichen Strömungsformen im Vergleich zur Einphasenströmung, stellt ganz neue Anforderungen an die Meßtechnik und führt zu mehr als doppelt so vielen Gleichungen, die als ein System im Rahmen der theoretischen Berechnung zu lösen sind.

Ein besonders einfacher Fall, der das Studium grundlegender Eigenschaften turbulenter Mehrphasenströmungen gestattet, ist die stationäre turbulente Zweiphasenströmung in senkrechten Kanälen. In diesem Bericht wird deren numerische Berechnung am Beispiel der Blasenströmung vorgestellt, wobei die Annahme getroffen wurde, daß die von ISHII [1] (unter Verwendung des Zwei-Fluid-Modells und zeitlicher Mittelwerte) abgeleiteten Grundgleichungen gelten. Sie haben den Vorzug, daß die berechneten Strömungsparameter direkt mit jenen verglichen werden können, die an einem entsprechenden Prüfstand relativ einfach gemessen werden können.

2. Diskussion der Grundgleichungen

Das Strömungsgebiet soll so angeordnet sein, daß seine Symmetrieebene und die begrenzenden Wände parallel zur Richtung des Schwerkraftfeldes liegen. Die Hauptströmungsrichtung wird mit x_1 bezeichnet und ist gegen den Schwerkraftvektor g gerichtet. Ausgehend von der Symmetrieebene, orthogonal zu x_1 und den Wänden ist die Koordinate x_2 gerichtet. Die Koordinate x_3 liegt in der Symmetrieebene, orthogonal zu x_1 und bildet zusammen mit x_1 und x_2 ein kartesisches Koordinatensystem.

Von der Strömung wird angenommen, daß sie einen Zustand erreicht hat, bei dem Einlaufgrenzschichten nicht mehr vorhanden und die phasen- und zeitgemittelten Geschwindigkeitskomponenten $\overline{\overline{u}}_2^k = \overline{\overline{u}}_3^k = 0$ sind. Es soll nur von inkompressiblen isothermen Vorgängen ohne Stoffaustausch in Newtonschen Medien die Rede sein. Für die genannten Einschränkungen hat REMKE [2] die Grundgleichungen zusammengestellt und vereinfacht, wobei er von den für das Zwei-Fluid-Modell von ISHII [1] formulierten, zeitlich gemittelten Bilanzgleichungen ausging.

2.1. Kontinuitätsgleichungen

Für die kontinuierliche und die disperse Phase zusammengefaßt lauten die Kontinuitätsgleichungen:

$$\frac{\partial}{\partial x_1}(\alpha^k \bar{\bar{u}}_1^k) = 0; \quad \text{d. h.} \quad \alpha^k \bar{\bar{u}}_1^k = f^k(x_2). \tag{1; 2}$$

Nur die Produkte $\alpha^k \bar{\bar{u}}_1^k$ sind in jedem Strömungsquerschnitt x_1, x_3 von x_1 (für die ebene Strömung selbstverständlich auch von x_3) unabhängig. Jeder Faktor für sich betrachtet kann durchaus eine Funktion von x_2 und x_1 sein. Anhand der Gleichung (2) ist weiter ersichtlich, daß die Produkte singuläre Gebiete haben, denn für $\alpha^k = 0$ ist $\bar{\bar{u}}_1^k$ unbestimmt und für $\bar{\bar{u}}_1^k = 0$ ist α^k unbestimmt. Für solche Gebiete, in denen die Gleichungen (2) keine eindeutige Lösung liefern, müssen andere Gleichungen, z. B. die Einphasenströmungs-Gleichungen, bereitgestellt werden. Die Einphasen-Fälle $\alpha^k = 0$ werden im folgenden ausgeschlossen, und der Fall $\bar{\bar{u}}_1^k = 0$, der mit Sicherheit für die kontinuierliche Phase an der Wand gegeben ist, wird umgangen, indem die Rechnung nur bis in Wandnähe, d. h. bis zur laminaren Unterschicht bei etwa $x_2 \tau^{c*}/\nu^c = 5$ ausgeführt wird. Letzteres hat außerdem den Vorteil, daß die numerisch schwer zu beherrschenden großen Gradienten an der Wand vermieden werden.

Der Phasenanteil α^c folgt mit $\alpha^d \equiv \alpha$ aus der Phasenbilanz:

$$\alpha^c + \alpha^d = 1; \quad \alpha^c = 1 - \alpha. \tag{3; 4}$$

Mit den Anfangsbedingungen

$$\alpha = \alpha^o, \quad \bar{\bar{u}}_1^k = \bar{\bar{u}}_1^{ko} \quad (\text{für } x_1 = 0) \tag{5}$$

lautet die Kontinuitätsgleichung für die kontinuierliche Phase und für die disperse Phase

$$(1-\alpha)\,\bar{\bar{u}}_1^c = (1-\alpha^o)\,\bar{\bar{u}}_1^{co}; \quad \alpha \bar{\bar{u}}_1^d = \alpha^o \bar{\bar{u}}_1^{do}. \tag{6; 7}$$

2.2. Impulsgleichungen

Für die kontinuierliche und die disperse Phase zusammengefaßt lautet die vereinfachte Impulsbilanz in x_1-Richtung

$$\alpha^k \varrho^k \bar{\bar{u}}_1^k \frac{\partial \bar{\bar{u}}_1^k}{\partial x_1} = -\alpha^k \frac{\partial \bar{\bar{p}}^k}{\partial x_1} - \alpha^k \varrho^k g + \frac{\partial}{\partial x_2}[\alpha^k(\bar{\bar{\tau}}_{21}^k + \tau_{21}^{kT})] + M_1^{kd} \tag{8}$$

und in x_2-Richtung

$$0 = -\alpha^k \frac{\partial \bar{\bar{p}}^k}{\partial x_2} + \frac{\partial}{\partial x_2}(\alpha^k \tau_{22}^{kT}) + (\bar{\bar{p}}^{ki} - \bar{\bar{p}}^k)\frac{\partial \alpha^k}{\partial x_2} + M_2^{kd}. \tag{9}$$

Gleichung (9) hat für die Berechnung der Drücke auf der Phasengrenzfläche $\bar{\bar{p}}^{ki}$ ein singuläres Gebiet, denn für $\alpha^k = f(x_1)$ $(\partial \alpha^k/\partial x_2 = 0)$ ist der Ausdruck $\bar{\bar{p}}^{ki} - \bar{\bar{p}}^k$ unbestimmt. In dem Fall muß eine weitere Gleichung für $\bar{\bar{p}}^{ki} - \bar{\bar{p}}^k$ bereitgestellt werden.

Nach ISHII [1] setzt sich der Tensor der Reibungsspannungen $\bar{\bar{\tau}}_{ij}^k$ $(i, j = 1, 2, 3)$ additiv aus der Deformation der Phase selbst und der Deformation ihrer Grenzfläche zusammen:

$$\bar{\bar{\tau}}_{ij}^k = 2\mu^k(D_{ij}^{kb} + D_{ij}^{ki}). \tag{10}$$

Für den Tensor der turbulenten Schubspannungen

$$\tau_{ij}^{kT} = -\varrho^k \overline{\overline{u_i^{k'} u_j^{k'}}} \tag{11}$$

sind im Rahmen der Mehrphasen-Turbulenzforschung erst noch geeignete Konstitutivgleichungen zu finden bzw. vorhandene empirische Ansätze durch Vergleich mit Versuchsergebnissen anzupassen.

M^{kd} gibt den Grad der Impulserzeugung der Phase k (infolge des Strömungswiderstandes, des Beschleunigungswiderstandes, der Druckspannungen, der Form und der Oberfläche der Phasengrenze) auf der Phasengrenzfläche an. Die Impulsbilanz auf der Grenzfläche liefert für den Fall, daß Phasenwechsel ausgeschlossen wird:

$$M_i^{cd} + M_i^{dd} = M_i^{mH}. \tag{12}$$

M_i^{cd} und M_i^{dd} $(i = 1, 2, 3)$ drücken den Impuls (verursacht durch Kräfte der kontinuierlichen bzw. der dispersen Phase) auf die disperse Phase aus. M_i^{mH} repräsentiert den Impuls infolge des Wechsels der mittleren Phasengrenzflächen-Krümmung $\bar{\bar{H}}^{dc}$. Da für viele praktische Probleme nach ISHII [1] die Größenordnung von M_i^{mH} viel kleiner als die von M_i^{kd} ist, wird der Einfluß des Wechsels der Krümmung vernachlässigt:

$$M_i^{mH} = 0. \tag{13}$$

Mit Gleichung (13) vereinfacht sich Gleichung (12), die Differenz der Grenzflächendrücke folgt einer simplen Beziehung, und der Impuls der Phasenwechselwirkungskräfte in x_2-Richtung ist Null.

$$M_i^{cd} = -M_i^{dd}; \quad \bar{\bar{p}}^{di} - \bar{\bar{p}}^{ci} = 2\bar{\bar{H}}^{dc}\sigma; \quad M_2^{kd} = 0. \tag{14; 15; 16}$$

Mit der Annahme, daß die Blasen im zeitlichen Mittel Kugeln mit dem örtlich verschiedenen Durchmesser $\bar{\bar{d}}^d$ sind, ist die mittlere Krümmung der Phasengrenzfläche

$$\bar{\bar{H}}^{dc} = 2/\bar{\bar{d}}^d. \tag{17}$$

Die Verteilung der Blasendurchmesser über dem Strömungsgebiet muß vorgegeben werden, weil die betrachteten Bilanzgleichungen keine Aussagen zur Blasendynamik enthalten.

Für die Berechnung der 7 Unbekannten $\bar{\bar{u}}_1^c$, $\bar{\bar{u}}_1^d$, α, $\bar{\bar{p}}^c$, $\bar{\bar{p}}^d$, $\bar{\bar{p}}^{ci}$, $\bar{\bar{p}}^{di}$ stehen 7 Grundgleichungen (6), (7), (8), (9) für $k = c, d$ zur Verfügung, wobei für $\bar{\bar{\tau}}_{ij}^k$ die Elemente der Matrizengleichungen (Anhang (A1) und (A2)) einzusetzen und für τ_{ij}^{kT}, $(\bar{\bar{p}}^{ci} - \bar{\bar{p}}^c)$, M_1^{kd} empirische Ansätze bereitzustellen sind. Das Gleichungssystem läßt sich nur iterativ lösen; als brauchbar hat sich folgende Lösungsreihenfolge gezeigt:

$$\bar{\bar{u}}_1^d, \alpha, \bar{\bar{p}}^d, \bar{\bar{p}}^c, \bar{\bar{p}}^{di}, \bar{\bar{p}}^{ci}, \bar{\bar{u}}_1^c .$$

2.3. Lösungsreihenfolge

Die Kontinuitätsgleichungen (6) und (7) werden zusammengefaßt, indem der Phasenanteil α eliminiert wird. Nach $\bar{\bar{u}}_1^d$ aufgelöst ergibt sich

$$\bar{\bar{u}}_1^d = \frac{\alpha^o \bar{\bar{u}}_1^{do}}{\bar{\bar{u}}_1^c - (1 - \alpha^o)\, \bar{\bar{u}}_1^{co}}\, \bar{\bar{u}}_1^c . \tag{18}$$

Mit den Anfangsbedingungen Gleichung (5) ist $\bar{\bar{u}}_1^d$ im Intervall $(0 \leqq x_2 < x_2^W)$ berechenbar. Für $\bar{\bar{u}}_1^c$ ist zu Beginn des äußeren Iterationszyklus ein Schätzwert einzusetzen.

Die Kontinuitätsgleichung der kontinuierlichen Phase (6) wird nach α aufgelöst; die Anfangswerte sind mit Gleichung (5) gegeben:

$$\alpha = 1 - (1 - \alpha^o)\, \frac{\bar{\bar{u}}_1^{co}}{\bar{\bar{u}}_1^c} . \tag{19}$$

Die Impulsgleichung der dispersen Phase in x_1-Richtung (8) wird über x_1 integriert:

$$\bar{\bar{p}}^d = \bar{\bar{p}}^{do} + \frac{\varrho^d}{2} [(\bar{\bar{u}}_1^{do})^2 - (\bar{\bar{u}}_1^d)^2] - \varrho^d g x_1 + \int_0^{x_1} \frac{1}{\alpha} \frac{\partial}{\partial x_2} \left[\alpha(\mu^d + \mu_{21}^{dT}) \frac{\partial \bar{\bar{u}}_1^d}{\partial x_2}\right] dx_1 + \int_0^{x_1} \frac{M_1^{dd}}{\alpha}\, dx_1 . \tag{20}$$

Für $\bar{\bar{\tau}}_{21}^d$ wurde Gleichung (A2) eingesetzt und für τ_{21}^{kT} der Ansatz

$$\tau_{21}^{kT} = \mu_{21}^{kT} \frac{\partial \bar{\bar{u}}_1^k}{\partial x_2} . \tag{21}$$

Zu den Anfangsbedingungen Gleichung (5) kommt eine weitere hinzu,

$$\bar{\bar{p}}^d = \bar{\bar{p}}^{do} \quad (\text{für } x_1 = 0) , \tag{22}$$

die jedoch nicht vorgegeben werden muß, sondern durch $\bar{\bar{p}}^{co}$ ausgedrückt werden kann.

Die Impulsgleichung der kontinuierlichen Phase in x_2-Richtung (9) ist bezüglich $\bar{\bar{p}}^c$ eine gewöhnliche Differentialgleichung, deren Lösung nach Bronstein und Semendjajew [3] lautet:

$$\bar{\bar{p}}^c = \frac{1 - \alpha^W}{1 - \alpha} \bar{\bar{p}}^{cW} + \tau_{22}^{cT} + \frac{1}{1 - \alpha} \int_{x_2}^{x_2^W} \bar{\bar{p}}^{ci} \frac{\partial \alpha}{\partial x_2}\, dx_2 . \tag{23}$$

Die turbulente Schubspannung an der Wand ist Null. Zur Eliminierung der Integrationskonstanten dient die Randbedingung

$$\bar{\bar{p}}^c = \bar{\bar{p}}^{cW} = \bar{\bar{p}}^{ciW} \quad (\text{für } x_2 = x_2^W) . \tag{24}$$

Der Druck der kontinuierlichen Phase an der Wand ist gleich dem Druck auf der Grenzfläche, weil die Geschwindigkeit infolge der Haftbedingung Null ist. Über eine entsprechende Bedingung für die disperse Phase sowie die Gleichung (15) läßt sich $\bar{\bar{p}}^{cW}$ auf $\bar{\bar{p}}^{dW}$ zurückführen; $\bar{\bar{p}}^{dW}$ kann nach Gleichung (20) berechnet werden. Zu beachten ist, daß der Phasenanteil, wie in Abschnitt 2.1 erläutert wurde, an der Wand singulär ist. Benötigt wird jedoch eine Randbedingung für den Phasenanteil-Gradienten. Mit der Annahme, daß

$$\alpha^W = f(x_1) , \left(\frac{\partial \alpha}{\partial x_2}\right)^W = 0 \quad (\text{für } x_2 = x_2^W) \tag{25}$$

ist, liefert das Integral der Gleichung (23) in unmittelbarer Wandnähe keinen Beitrag mehr, und der Druck $\bar{\bar{p}}_{jn}^c$ in Wandnähe ist gleich dem Druck $\bar{\bar{p}}^{cW}$ an der Wand.

Die Impulsgleichung der dispersen Phase in x_2-Richtung (9) nach $\bar{\bar{p}}^{di}$ aufgelöst lautet

$$\bar{\bar{p}}^{di} = \frac{\partial[\alpha(\bar{\bar{p}}^d - \tau_{22}^{dT})/\partial x_2}{\partial \alpha / \partial x_2} . \tag{26}$$

$\bar{\bar{p}}^{ci}$ folgt dann mit den Gleichungen (15) und (17):

$$\bar{\bar{p}}^{ci} = \bar{\bar{p}}^{di} - \frac{4\sigma}{d^d} . \tag{27}$$

Für $\partial\alpha/\partial x_2 = 0$ hat Gleichung (26) ein singuläres Gebiet. Um die Drücke auf der Grenzfläche dennoch berechnen zu können, wird $(\bar{\bar{p}}^{ci} - \bar{\bar{p}}^{c})$ als empirischer Ansatz (vergl. Abschnitt 3.1) vorgegeben und

$$\bar{\bar{p}}^{di} = \bar{\bar{p}}^{ci} + \frac{4\sigma}{\bar{\bar{d}}^{d}} \tag{28}$$

berechnet.

Die letzte Unbekannte $\bar{\bar{u}}_1^c$ wird mit der Impulsgleichung der kontinuierlichen Phase in x_1-Richtung berechnet. Für $\bar{\bar{u}}_1^c$ ist Gleichung (8) eine parabolische Differentialgleichung zweiter Ordnung, ähnlich der Prandtlschen Grenzschichtgleichung:

$$\bar{\bar{u}}_1^c \frac{\partial \bar{\bar{u}}_1^c}{\partial x_1} + \frac{1}{1-\alpha} \frac{\mu^c}{\varrho^c} \frac{\partial \alpha}{\partial x_2} \frac{\partial \bar{\bar{u}}_1^c}{\partial x_2} = \frac{1}{1-\alpha} \frac{\partial}{\partial x_2}\left[(1-\alpha) \frac{\mu^c + \mu_{21}^{cT}}{\varrho^c} \frac{\partial \bar{\bar{u}}_1^c}{\partial x_2}\right] + \\ + \left[\frac{\bar{\bar{u}}_1^d - \bar{\bar{u}}_1^c}{1-\alpha} \frac{\mu^c}{\varrho^c} \frac{\partial^2 \alpha}{\partial x_2^2} + \frac{1}{1-\alpha} \frac{\mu^c}{\varrho^c} \frac{\partial \bar{\bar{u}}_1^d}{\partial x_2} \frac{\partial \alpha}{\partial x_2} - \frac{1}{\varrho^c} \frac{\partial \bar{\bar{p}}^c}{\partial x_1} - g - \frac{1}{\varrho^c} \frac{M_1^{dd}}{1-\alpha}\right]. \tag{29}$$

Abgekurzt geschrieben wird deutlich, daß V einer Quergeschwindigkeit, A einer Austauschgröße und S einem Quellglied entsprechen:

$$\bar{\bar{u}}_1^c \frac{\partial \bar{\bar{u}}_1^c}{\partial x_1} + V \frac{\partial \bar{\bar{u}}_1^c}{\partial x_2} = \frac{1}{1-\alpha} \frac{\partial}{\partial x_2}\left[(1-\alpha) A \frac{\partial \bar{\bar{u}}_1^c}{\partial x_2}\right] + S\,. \tag{30}$$

Für die Anfangsbedingung Gleichung (5) und die Randbedingungen

$$\frac{\partial \bar{\bar{u}}_1^c}{\partial x_2} = 0 \quad (\text{für } x_2 = 0;\ \text{Symmetriebedingung})\,, \tag{31}$$

$$\bar{\bar{u}}_1^c = \bar{\bar{u}}_{1jn}^c \quad (\text{für } x_2 = x_{2jn} < x_2^{W}) \tag{32}$$

kann Gleichung (30) stromabwärts streifenweise iterativ gelöst werden. Zur Berechnung der Randbedingung Gleichung (32) wird ein empirischer Ansatz (vergl. Abschnitt 3.3) verwendet.

Neben der Gittergeometrie, den Stoffwerten und der Blasendurchmesser-Verteilung erfordert das Problem die Vorgabe von $\bar{\bar{u}}_1^{co}$, $\bar{\bar{u}}_1^{do}$, α^o, $\bar{\bar{p}}^{co}$. Als brauchbare Lösungsreihenfolge für den Anfangsquerschnitt hat sich $\bar{\bar{p}}^{cio}$, $\bar{\bar{p}}^{dio}$, $\bar{\bar{p}}^{do}$ nach den Gleichungen (9) für $k = c, d$ und (28) gezeigt. Die Gleichungen (9) sind dazu nach den Unbekannten $\bar{\bar{p}}^{cio}$ bzw. $\bar{\bar{p}}^{do}$ aufzulösen. Ähnlich wie für die kontinuierliche Phase wird die Randbedingung

$$\bar{\bar{p}}^{d} = \bar{\bar{p}}^{dW} = \bar{\bar{p}}^{diW} \quad (\text{für } x_2 = x_2^{W}) \tag{33}$$

eingeführt.

Es ist üblich, insbesondere bei rechteckigen Strömungsgebieten, eine Finite-Differenzen-Methode anzuwenden, wovon auch hier Gebrauch gemacht wurde. Das Lösungsverfahren richtet sich nach Gleichung (30), die der Prandtlschen Grenzschichtgleichung bei Einphasen-Strömungen entspricht. Für die Berechnung der Grenzschichtgleichungen gibt es in der Literatur zahlreiche Beispiele. Erst kürzlich hat Ullrich [4] die turbulente Rohreinlauf-Strömung auf diese Weise berechnet. Seinem numerischen Verfahren, das, zugeschnitten auf die hier zur Berechnung anstehenden Gleichungen, im wesentlichen übernommen wurde, liegt die Annahme zugrunde, daß die in den Bilanzgleichungen enthaltenen Vereinfachungen und empirischen Ansätze physikalisch richtig sind, um die Existenz und Eindeutigkeit einer Lösung zu sichern. Eine genaue Untersuchung dürfte wegen des stark verwickelten Zusammenhanges zwischen den einzelnen Gleichungen sehr aufwendig sein. Patankar und Spalding [5] hatten das implizite Differenzenverfahren erstmalig veröffentlicht. Die Differenzenformeln sind aus dem verallgemeinerten Mittelwertsatz der Integralrechnung abgeleitet und haben die Konvergenzordnungen $O(\Delta x)$ in x_1-Richtung und $O(\Delta x^2)$ in x_2-Richtung.

3. Verwendete empirische Ansätze

3.1. Druckdifferenz der kontinuierlichen Phase

Es wurde schon darauf hingewiesen, daß die Impulsgleichungen in x_2-Richtung für $\partial\alpha/\partial x_2 = 0$ singuläre Gebiete aufweisen. Für diesen Fall sind die Differenzen $\bar{\bar{p}}^{ki} - \bar{\bar{p}}^{k}$ unbestimmt, d. h. für $\bar{\bar{p}}^{ci} - \bar{\bar{p}}^{c}$ muß eine zusätzliche Gleichung eingeführt werden. Stuhmiller [6] hat dieses Problem untersucht und verschiedene Modellvorstellungen diskutiert. Er kommt zu dem Ergebnis, daß bei vorhandener Relativgeschwindigkeit zwischen den Phasen der Grenzflächendruck der kontinuierlichen Phase systematisch kleiner als der Phasendruck sein muß. Er geht von der Kugelumströmung aus und gibt als integralen Druck auf der Kugeloberfläche

$$\bar{\bar{p}}^{ci} = \bar{\bar{p}}^{c} - 0{,}37 \varrho^c C_D (\bar{\bar{u}}_1^d - \bar{\bar{u}}_1^c)^2 \tag{34}$$

an. Die eventuelle gegenseitige Beeinflussung der dispersen Elemente je nach der Größe von α wird mit dem Widerstandsbeiwert C_D berücksichtigt.

Ishii und Zuber [7] geben eine Übersicht über Widerstandsbeiwerte einzelner Partikel und Partikelschwärme (feste Partikel, Blasen, Tropfen) in stationären adiabaten Zweiphasen-Strömungen. Je nach der Strömungsform gelten verschiedene empirische Ansätze für die Stokes-Strömung, die ungestörte Partikelströmung, die durch Wandeinflüsse gestörte Partikelströmung, das „churn turbulent regime" [7]. Für die hier zu untersuchende Strömung wurde der Ansatz für die ungestörte Partikelströmung gewählt:

$$C_D = \frac{24}{Re^d}\left[1 + 0{,}1(Re^d)^{0,75}\right] \tag{35}$$

mit der Blasen-Reynoldszahl

$$Re^d = \frac{\varrho^c}{\mu^m} \bar{\bar{d}}^d \,|\bar{\bar{u}}_1^d - \bar{\bar{u}}_1^c| \tag{36}$$

und der Gemischviskosität, durch die der Einfluß von Partikelsystemen und Blasendeformation berücksichtigt wird,

$$\mu^m = \mu^c \left(1 - \frac{\alpha}{\alpha^{\max}}\right)^{-2,5\alpha^{\max}\frac{\mu^d + 0,4\mu^c}{\mu^d + \mu^c}} . \tag{37}$$

Der Phasenanteil bei maximaler Packung soll für Fluidpartikelsysteme $\alpha^{\max} = 1$ gewählt werden. Eine weitere umfangreiche Übersicht über empirische Ansätze für Widerstandsbeiwerte geben CLIFT, GRACE und WEBER [8].

Der Druck $\bar{\bar{p}}^{ci}$ wird nur im Fall $\partial\alpha/\partial x_2 = 0$ nach Gleichung (34) berechnet, sonst wäre das Gleichungssystem überbestimmt.

3.2. Tensor der Reynoldsschen Spannungen

DREW und LAHEY [9] diskutieren die Turbulenzmodelle von ISHII [1] und schlagen den verbesserten Ansatz

$$\tau_{ij}^{kT} = a_o^k \delta_{ij} + a_1^k D_{ij}^k + b_1^k (\bar{\bar{u}}_i^d - \bar{\bar{u}}_i^c)(\bar{\bar{u}}_j^d - \bar{\bar{u}}_j^c) + b_2^k \frac{\partial\alpha}{\partial x_i}\frac{\partial\alpha}{\partial x_j} \tag{38}$$

vor; mit δ_{ij} als dem Einheitstensor, D_{ij}^k als dem Deformationsgeschwindigkeits-Tensor (Phase + Grenzfläche), mit dem Skalarprodukt des Relativgeschwindigkeits-Vektors mit sich selbst, mit dem Skalarprodukt des Phasenanteil-Gradienten mit sich selbst und den Koeffizienten a^k, b^k. Die Koeffizienten sind Funktionen der Dichte, der Viskosität, des Phasenanteils, des Wandabstandes, der spezifischen Phasengrenzfläche, der mittleren Krümmung der Phasengrenzfläche und der drei Invarianten des Deformationsgeschwindigkeits-Tensors.

Für die hier untersuchte Strömung wird auf den isotropen Term verzichtet. Aus dimensionsanalytischen Betrachtungen ergibt sich:

$$a_1^k = 2\varrho^k \mu^{kT*}(x_2^{W} - x_2)^2 \sqrt{4|II_{D^k}|}\,, \tag{39}$$

$$b_1^k = \varrho^k B_1^k\,, \tag{40}$$

$$b_2^k = 4\varrho^k B_2^k (x_2^W - x_2)^4\, II_{D^k}\,. \tag{41}$$

Die dimensionslosen Parameter μ^{kT*}, B_1^k, B_2^k sind Funktionen von dimensionslosen Kennzahlen der o. g. Einflußgrößen, von denen a^k und b^k abhängig sind. Die zweite Invariante des Gesamt-Deformationsgeschwindigkeits-Tensors ist für die hier betrachtete Strömungsform

$$II_{D^k} = -(D_{12}^k)^2\,. \tag{42}$$

Die vollständigen Ausdrücke der Reynoldsschen Spannungstensoren, wie sie sich mit den Gleichungen (38) bis (42) ergeben, sind im Anhang zusammengestellt: Gleichungen (A3) und (A4). Zur Lösung des Gleichungssystems werden nur die Komponenten τ_{12}^{kT} und τ_{22}^{kT} benötigt. Für die dimensionslosen Parameter μ^{kT*}, B_1^k, B_2^k sind noch geeignete Konstitutivgleichungen zu finden. Die Parameter sind voneinander nicht unabhängig. Wenn z. B. $\tau_{11}^{kT} = -\varrho^k\overline{(u_1^{k'})^2}$ gleich Null ist oder (bzw. und) wenn τ_{22}^{kT} gleich Null ist, dann muß auch $\tau_{12}^{kT} = 0$ sein, d. h. wenn $B_2^k = 0$ vorgegeben wird, dann muß auch $\mu^{kT*} = 0$ vorgegeben werden. Wenn z. B. $\tau_{12}^{kT} \neq 0$ gewählt wird, dann sind auch $\tau_{11}^{kT} \neq 0$ und $\tau_{22}^{kT} \neq 0$ zu wählen, d. h. wenn $\mu^{kT*} \neq 0$ vorgegeben wird, muß auch $B_2^k \neq 0$ vorgegeben werden.

Einen ersten Anhaltspunkt für die Größe der dimensionslosen Parameter μ^{kT*}, B_1^k, B_2^k erhält man aus dem dimensionsanalytischen Vergleich mit bewährten Turbulenzansätzen der Einphasenströmung, z. B. dem Ansatz von SZABLEWSKI [10] für die turbulente Kanalströmung, einem erweiterten von Driest-Ansatz:

$$\mu^{kT*} = \begin{cases} C_{\mu*}^k\; \varkappa^2 \left[1 - \exp\left(-\dfrac{\varrho^k}{\mu^k}\dfrac{x_2^W - x_2}{a}\tau^{k*}\right)\right]^2 \exp\left(-\dfrac{2}{m}\dfrac{x_2^W - x_2}{x_2^W - x_{21}}\right) \\ [\text{für } x_2^W > x_2 \geqq x_{21} + (1-m)(x_2^W - x_{21})], \\ \text{gleicher Ansatz mit } x_2 = x_{21} + (1-m)(x_2^W - x_{21}) \\ [\text{für } x_{21} \leqq x_2 \leqq x_2^W - m(x_2^W - x_{21})]\,. \end{cases} \tag{43}$$

Der Ansatz gilt für den turbulenten Austausch in der Unterschicht und der wandnahen vollturbulenten Schicht und zeigt bei Einphasenströmungen mit relativ dicker Unterschicht gute Übereinstimmung mit Meßwerten. Für erste Untersuchungen wurde der gleiche Ansatz auch für die anderen dimensionslosen Parameter gewählt.

3.3. Universelles Geschwindigkeitsgesetz

Es wird zumindest in Wandnähe die Gültigkeit des universellen Geschwindigkeitsgesetzes angenommen, das besagt, daß in einer voll ausgebildeten Strömung über der gesamten Breite der vollturbulenten Schicht die dimensionslose

Geschwindigkeit nahe der Wand dem dimensionslosen Wandabstand direkt proportional ist und in größerem Abstand allmählich zu einer logarithmischen Beziehung mit zwei Konstanten übergeht:

$$\frac{\overline{\overline{u}}_1^k}{\tau^{k*}} = \frac{1}{\varkappa} \ln\left[\frac{\varrho^k}{\mu^k}\tau^{k*}(x_2^W - x_2)\right] + C \quad \left[\text{für } \frac{\varrho^k}{\mu^k}\tau^{k*}(x_2^W - x_2) \geqq 5\right]. \tag{44}$$

Die iterative Berechnung der Wandschubspannungs-Geschwindigkeiten erfolgt nach einer Gleichung, die man durch Umstellung der Gleichung (44) erhält:

$$\ln \tau^{k*} = \ln(\varkappa\overline{\overline{u}}_{1j}^k) - \ln\left\{\ln \tau^{k*} + \ln\left[\frac{\varrho^k}{\mu^k}(x_2^W - x_{2j})\right] + \varkappa C\right\}. \tag{45}$$

Als Bezugspunkt zur Berechnung der Wandschubspannungs-Geschwindigkeiten, aber auch zur Berechnung der Geschwindigkeit in Wandnähe, Gleichung (32), wird stets $j = j_n - 1$ herangezogen. Das bedeutet, daß es genügt, wenn durch das universelle Geschwindigkeitsgesetz mit den gewählten Konstanten im Intervall $j_n - 1 \leqq j \leqq j_n$ die Geschwindigkeitsverläufe beider Phasen ausreichend approximiert sind.

3.4. Impulsaustausch zwischen den Phasen

Drew und Lahey [9] schlagen einen Ansatz vor, mit dem als hauptsächlich wirkende Kräfte (von der kontinuierlichen auf die disperse Phase) nur Widerstands- und Beschleunigungskräfte berücksichtigt werden. Er lautet für die hier betrachtete Strömungsform:

$$M_1^{dd} = F_1(\overline{\overline{u}}_1^c - \overline{\overline{u}}_1^d) + F_2\left(\overline{\overline{u}}_1^d \frac{\partial \overline{\overline{u}}_1^c}{\partial x_1} - \overline{\overline{u}}_1^c \frac{\partial \overline{\overline{u}}_1^d}{\partial x_1}\right) + F_3(\overline{\overline{u}}_1^c - \overline{\overline{u}}_1^d)\frac{\partial}{\partial x_1}(\overline{\overline{u}}_1^c - \overline{\overline{u}}_1^d) + F_4(\overline{\overline{u}}_1^c - \overline{\overline{u}}_1^d)\frac{\partial \overline{\overline{u}}_1^c}{\partial x_1}. \tag{46}$$

Der erste Term repräsentiert die „klassische" spezifische Widerstandskraft. Es ist üblich,

$$F_1 = \frac{3}{4}\frac{\varrho^c}{\overline{\overline{d}}^d}\alpha C_D|\overline{\overline{u}}_1^d - \overline{\overline{u}}_1^c|$$

zu schreiben. Der Widerstandsbeiwert wird nach Gleichung (35) berechnet. Term 2 und 3 stellen virtuelle Massenkräfte dar, d. h. Beschleunigungs-Widerstände:

$$F_2 = \varrho^c\alpha C_{VM} \quad (\text{mit } C_{VM} = 0{,}1 \text{ bis } 0{,}5)\,,$$

$$F_3 = \varrho^c\alpha C_{VM}[1 - \lambda(\alpha)]\,.$$

Die Funktion $\lambda(\alpha)$ ist experimentell zu bestimmen; für erste Untersuchungen wurde $\lambda(\alpha) = \alpha$ angenommen. Der vierte Term stellt eine spezifische Kraft infolge der Wechselwirkung der Relativgeschwindigkeit und der Scherung der kontinuierlichen Phase dar, die die Anhebung von Blasen in Strömungen von Fluiden geringer Viskosität bewirkt (Liftkraft). Es gibt nach Drew und Lahey [9] keinen sicheren Nachweis dafür, daß die Liftkraft in Gas-Flüssigkeits-Strömungen von praktischer Bedeutung ist, denn die Viskosität ist nicht vernachlässigbar klein. Für erste Untersuchungen wird deshalb $F_4 = 0$ angenommen.

4. Berechnete Profile wichtiger Strömungsparameter

Als Nachweis der Stabilität und Konvergenz des Rechenverfahrens sollen die in den Bildern 1 bis 3 dargestellten berechneten Profile dienen. Anfangswerte und weitere Entwicklung der wichtigsten Parameter einer turbulenten Zweiphasen-Strömung mit der Reynoldszahl $Re^c \approx 3{,}8 \cdot 10^6$ sind veranschaulicht. Der Übersichtlichkeit wegen sind die Profile nur über 10 Proz. der Kanalbreite, nahe der Wand, gezeichnet. Die Rechnung in Hauptströmungsrichtung (senkrecht nach oben) erstreckt sich über 0,2 m. In den Bildern sind jeweils rechts die Maßstäbe der dargestellten Parameter angegeben. Der untere Maßstab gilt für das Anfangsprofil bei $x_1 = 0$ cm, der obere für das Endprofil bei $x_1 = 20$ cm; von Profil zu Profil ist der Maßstab jeweils um eine Gitterteilung nach oben verschoben. Im Beispiel beträgt der Phasenanteil anfänglich 30 Proz., die mittleren Geschwindigkeiten liegen bei etwa 10 m/s, die mittleren Phasendrücke bei etwa 100 kPa, und der Blasendurchmesser beträgt überall 1 mm. Zur Berechnung eines Querschnittes mit 31 Stützstellen benötigt das FORTRAN-Programm auf dem Computer BESM 6 ca. 3 Sekunden Zentralrechnerzeit und einen Speicherplatz von ca. 12000 Kernspeicherworten.

Im Bild 1 ist zu sehen, daß der Phasenanteil in Strömungsrichtung vor allem in Wandnähe abnimmt (vergl. Gl. (7)). Die Beschleunigung der dispersen Phase infolge des Auftriebs ist die Ursache dafür. Die Geschwindigkeit der kontinuierlichen Phase dagegen wird vor allem wegen der Reibungsverluste immer kleiner (vergl. Bild 2). Im Bild 3 sind die zugehörigen Drücke dargestellt. Der Druck der kontinuierlichen Phase ist über der Kanalbreite nahezu konstant. Er nimmt zu den Wänden hin sehr geringfügig ab. In Strömungsrichtung wird er kleiner wegen der Abnahme der geodätischen Höhendifferenz und wegen der Reibungsverluste. Der Druck der dispersen Phase ist anfänglich größer als der der kontinuierlichen Phase. In Wandnähe bleibt das so, weil die Geschwindigkeiten beider Phasen dem gemeinsamen Grenzwert Null zustreben und die Wirkung der Oberflächenspannung auszugleichen ist (vergl. (15)). Mit Zunahme der Geschwindigkeit der dispersen Phase nimmt der Druck ab. Zu beachten ist, daß der Rechnung ein überall konstanter Blasendurchmesser zugrunde gelegt wurde. Eine andere Blasengrößen-Verteilung, z. B. mit großen Blasen in Strömungsmitte und zunehmend kleineren an den Rändern, hätte zur Folge, daß die sehr steilen $\overline{\overline{p}}^d$-Gradienten erst in unmittelbarer Wandnähe, außerhalb des Gitternetzes, auftreten würden.

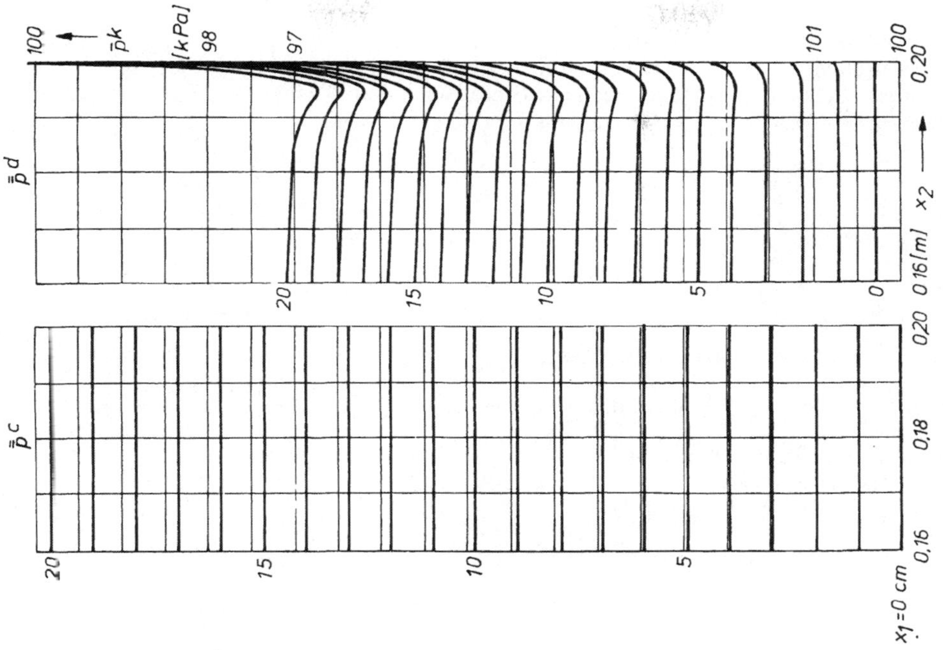

Bild 3. Mittlere Drücke der Phasen (statt $\bar{p}$ lies $\bar{\bar{p}}$)

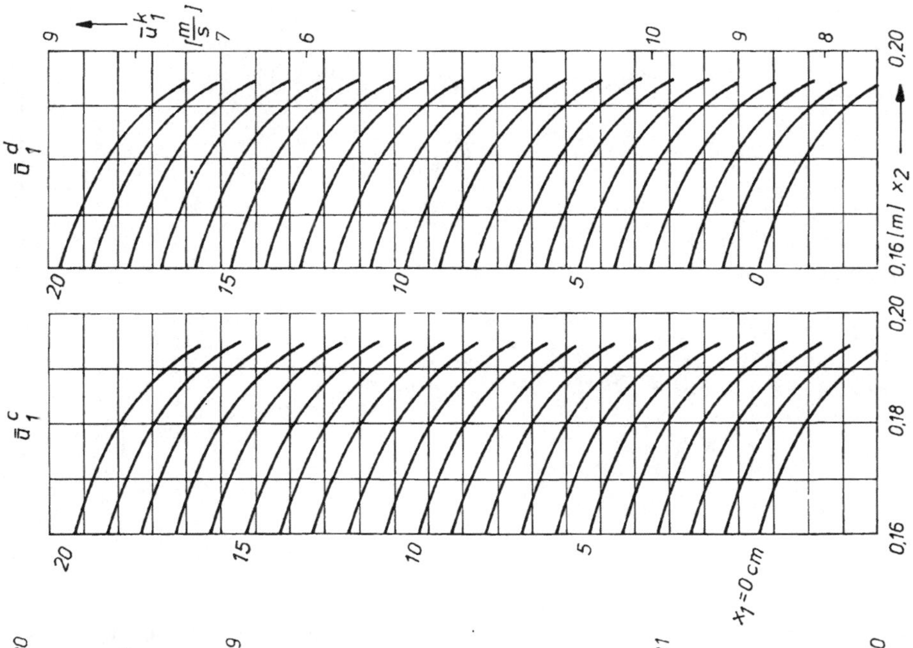

Bild 2. Mittlere Geschwindigkeit der Phasen (statt $\bar{u}$ lies $\bar{\bar{u}}$)

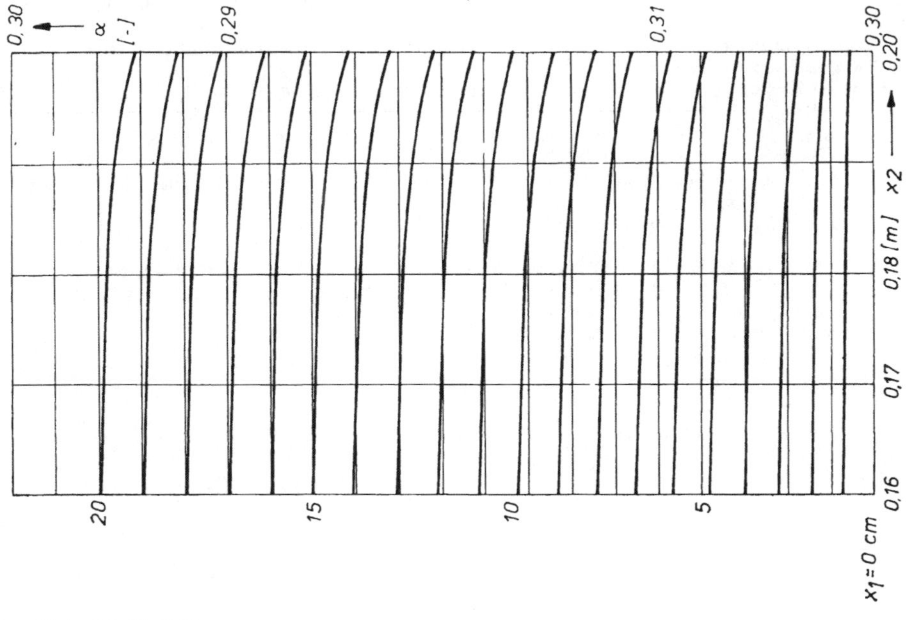

Bild 1 Phasenanteil

Der Vergleich mit Meßwerten sowie die eventuell erforderliche Modifizierung der empirischen Ansätze wird die weitere Arbeit bestimmen. Für Experimente steht ein Prüfstand zur Verfügung, an dem die wichtigsten Strömungs-Parameter einer stationären turbulenten senkrechtströmenden Wasser/Luft-Blasenströmung mit Hilfe der Heißfilmanemometrie und optischer Methoden gemessen werden können.

Anhang

Zusammenstellung der von Null verschiedenen Tensorelemente für den Sonderfall der ebenen Strömung mit $\bar{\bar{u}}_2^k = \bar{\bar{u}}_3^k = \partial/\partial x_3 = 0$

Tensor der Reibungsspannungen der kontinuierlichen Phase:

$$\bar{\bar{\tau}}_{11}^c = 2\mu^c \left[\frac{\partial \bar{\bar{u}}_1^c}{\partial x_1} - \frac{\partial \ln (1-\alpha)}{\partial x_1} (\bar{\bar{u}}_1^d - \bar{\bar{u}}_1^c)\right], \qquad \bar{\bar{\tau}}_{12}^c = \bar{\bar{\tau}}_{21}^c = \mu^c \left[\frac{\partial \bar{\bar{u}}_1^c}{\partial x_2} - \frac{\partial \ln (1-\alpha)}{\partial x_2} (\bar{\bar{u}}_1^d - \bar{\bar{u}}_1^c)\right]. \tag{A1}$$

Tensor der Reibungsspannungen der dispersen Phase:

$$\bar{\bar{\tau}}_{11}^d = 2\mu^d \frac{\partial \bar{\bar{u}}_1^d}{\partial x_1}, \qquad \bar{\bar{\tau}}_{12}^d = \bar{\bar{\tau}}_{21}^d = \mu^d \frac{\partial \bar{\bar{u}}_1^d}{\partial x_2}. \tag{A2}$$

Tensor der Reynoldsschen Spannungen der kontinuierlichen Phase:

$$\left.\begin{aligned}
\tau_{11}^{cT} &= \varrho^c \Bigg\{2(x_2^W - x_2)^2 \mu_T^{c*} \left|\frac{\partial \bar{\bar{u}}_1^c}{\partial x_2} - \frac{\partial \ln (1-\alpha)}{\partial x_2} (\bar{\bar{u}}_1^d - \bar{\bar{u}}_1^c)\right| \left[\frac{\partial \bar{\bar{u}}_1^c}{\partial x_1} \frac{\partial \ln (1-\alpha)}{\partial x_1} (\bar{\bar{u}}_1^d - \bar{\bar{u}}_1^c)\right] + \\
&\quad + B_1^c (\bar{\bar{u}}_1^d - \bar{\bar{u}}_1^c)^2 - (x_2^W - x_2)^4 B_2^c \left[\frac{\partial \bar{\bar{u}}_1^c}{\partial x_2} - \frac{\partial \ln (1-\alpha)}{\partial x_2} (\bar{\bar{u}}_1^d - \bar{\bar{u}}_1^c)\right]^2 \left(\frac{\partial \alpha}{\partial x_1}\right)^2\Bigg\}, \\
\tau_{12}^{cT} = \tau_{21}^{cT} &= \varrho^c \Bigg\{(x_2^W - x_2)^2 \mu^{cT*} \left|\frac{\partial \bar{\bar{u}}_1^c}{\partial x_2} - \frac{\partial \ln (1-\alpha)}{\partial x_2} (\bar{\bar{u}}_1^d - \bar{\bar{u}}_1^c)\right| \left[\frac{\partial \bar{\bar{u}}_1^c}{\partial x_2} - \frac{\partial \ln (1-\alpha)}{\partial x_2} (\bar{\bar{u}}_1^d - \bar{\bar{u}}_1^c)\right] - \\
&\quad - (x_2^W - x_2)^4 B_2^c \left[\frac{\partial \bar{\bar{u}}_1^c}{\partial x_2} - \frac{\partial \ln (1-\alpha)}{\partial x_2} (\bar{\bar{u}}_1^d - \bar{\bar{u}}_1^c)\right]^2 \frac{\partial \alpha}{\partial x_1} \frac{\partial \alpha}{\partial x_2}\Bigg\}, \\
\tau_{22}^{cT} &= -\varrho^d (x_2^W - x_2)^4 B_2^c \left[\frac{\partial \bar{\bar{u}}_1^c}{\partial x_2} - \frac{\partial \ln (1-\alpha)}{\partial x_2} (\bar{\bar{u}}_1^d - \bar{\bar{u}}_1^c)\right]^2 \left(\frac{\partial \alpha}{\partial x_2}\right)^2.
\end{aligned}\right\} \tag{A3}$$

Tensor der Reynoldsschen Spannungen der dispersen Phase:

$$\left.\begin{aligned}
\tau_{11}^{dT} &= \varrho^d \left\{2(x_2^W - x_2)^2 \mu^{dT*} \left|\frac{\partial \bar{\bar{u}}_1^d}{\partial x_2}\right| \frac{\partial \bar{\bar{u}}_1^d}{\partial x_1} + B_1^d (\bar{\bar{u}}_1^d - \bar{\bar{u}}_1^c)^2 - (x_2^W - x_2)^4 B_2^d \left(\frac{\partial \bar{\bar{u}}_1^d}{\partial x_2}\right)^2 \left(\frac{\partial \alpha}{\partial x_2}\right)^2\right\}, \\
\tau_{12}^{dT} = \tau_{21}^{dT} &= \varrho^d \left\{(x_2^W - x_2)^2 \mu^{dT*} \left|\frac{\partial \bar{\bar{u}}_1^d}{\partial x_2}\right| \frac{\partial \bar{\bar{u}}_1^d}{\partial x_2} - (x_2^W - x_2)^4 B_2^d \left(\frac{\partial \bar{\bar{u}}_1^d}{\partial x_2}\right)^2 \frac{\partial \alpha}{\partial x_1} \frac{\partial \alpha}{\partial x_2}\right\}, \\
\tau_{22}^{dT} &= -\varrho (x_2^W - x_2)^4 B_2^d \left(\frac{\partial \bar{\bar{u}}_1^d}{\partial x_2}\right)^2 \left(\frac{\partial \alpha}{\partial x_2}\right)^2.
\end{aligned}\right\} \tag{A4}$$

Literatur

1 Ishii, M., Thermo-Fluid Dynamic Theory of Two-Phase Flow, Eyrolles, Paris 1975.

2 Remke, K., Zur Modellierung der ebenen turbulenten Blasenströmung einer Dispersion von Gas in Flüssigkeit zwischen parallelen Wänden, Preprint d. Inst. f. Mech., AdW d. DDR, Berlin 1981.

3 Bronstein, I. N.; Semendjajew, K. A., Taschenbuch der Mathematik für Ingenieure und Studenten der Technischen Hochschulen, 14. Aufl., Teubner Verlagsgesellschaft, Leipzig 1974.

4 Ullrich, D., Theoretische Untersuchung von Zweiparametermodellen der Turbulenz und ihre Anwendung auf Rohreinlaufströmungen, Diss. AdW d. DDR, Berlin 1981.

5 Patankar, S. V.; Spalding, D. B., A Calculation Procedure for Heat, Mass and Momentum Transfer in Three-Dimensional Parabolic Flows, Int. J. Heat Mass Transfer, **15** (1972) 1787.

6 Stuhmiller, J. H., The Influence of Interfacial Pressure Forces on the Character of Two-Phase Flow Model Equations, Int. J. Multiphase Flow, 3 (1977) 551–560.

7 Ishii, M.; Zuber, N., Drag Coefficient and Relative Velocity in Bubbly, Droplet or Particulate Flows, AIChE J. 25 (1979) No. 5, 843–855.

8 Clift, R.; Grace, J. R.; Weber, M. E., Bubbles, Drops, and Particles, Acad. Press, New York, San Francisco, London 1978.

9 Drew, D. A.; Lahey, R. T., Application of General Constitutive Principles to the Derivation of Multidimensional Two-Phase Flow Equations, Int. J. Multiphase Flow, 5 (1979) 243–264.

10 Szablewski .W., Turbulente Scherströmungen, Akademie-Verlag, Berlin 1976.

Eingegangen am 29. 4. 1982

Anschrift: Dr. Klaus Bauerfeind, Akademie der Wissenschaften der DDR, Institut für Mechanik, DDR-1199 Berlin, Rudower Chaussee 5

ZAMM 63, 607–619 (1983)

F. K. Labisch

Approximation of Non-Unique Solutions of a Homogeneous Elastic Plate Model

Duale, für eine endlich dimensionale Approximation nicht-eindeutiger Lösungen geeignete Variationsfunktionale eines Kármánschen Plattenmodells werden hergeleitet, untersucht und an einem numerischen Beispiel getestet.

A dual variational description for a von Kármán plate version, capable of a dual finite-dimensional approximation of non-unique solutions is constructed, investigated, and tested on a numerical example.

В настоящей работе выводятся и изучаются дуальные вариационные функционалы, пригодны для конечномерной аппроксимации неоднозначных решений краевых задач для пластинки Кармана. Эти вариационные функционалы испытываются при помощи численного примера.

1. Introduction

In literature existence and equivalence of a dual description of boundary value problems of non-linear elastostatics are disputed. It seems fairly obvious to test the efficiency of a possibly dual description in the neighbourhood of topological singularities. In this way the equivalence of the dual description becomes ineluctably connected with an equivalent local dual determination of the induced catastrophe surface.

Attention to related problems was drawn for example by Sewell [1–3] and in a context of stability by Koiter [4–5]. Nowadays the catastrophe theory is a common tool in the field of elastic stability as it is seen for example from the contributions [6–13]. In this paper the emphasis is confined mainly to:

(i) the equivalence of a dual variational description of a thin plate problem in the neighbourhood of a simple eigenvalue,

(ii) an adequate true dual variational approach by a modified von Kármán plate version,

(iii) a dual numerical approximation of the appearing cusp catastrophe for the example of a simply supported square plate.

If a bounded thin plate is subjected to nonhomogeneous geometric and static boundary conditions and surface loads, then the deformations caused thereby are not necessarily determined in a unique way. Singularities appear. They obey some laws and some of them can be topologically classified see e.g. Thom [14], Zeeman [15].

We confine our considerations to the relatively uncomplicated case when boundary conditions and the surface load are characterized by two load parameters sometimes also called control parameters. In case of one behaviour variable we are as Whitney [16] showed (see also Zeeman [15], p. 23) in the fortunate situation that the only two stable singularities are the fold and the cusp and these are two elementary catastrophes.

We are in search of a plate model capable of an adequate approach but simple enough to permit a true dual variational description of the occuring phenomena. Seemingly a linearized plate model is too poor. It will be demonstrated that a modified von Kármán plate version as first published by Stumpf [17] and set into a more profound mathematical framework by Labisch [18] is versatil enough to meet our demands.

A Lagrangian description is employed. Displacements and displacement derivatives are used as geometric and non-symmetric Piola-Kirchhoff-type like moment and stress resultants as dual static field quantities.

Due to their special form the corresponding constitutive relations satisfy appropriate growth conditions. This guarantees the existence of suitable linear normed and reflexive vector spaces. Here the Fréchet derivative of the constitutive relations makes sense, exists, is symmetric and furthermore, on some submanifolds the Jacobian determinant is bounded apart from zero. An inevitable consequence of this is the existence of a displacement energy density (see Labisch [18–19]) which for this case could be identified with the commonly used strain energy density. On the mentioned submanifolds the validity of a unique inversion of the constitutive relations and the existence of a unique dual energy density are deduced.

Constitutive relations and equilibrium equations describe the displacements in the open domain occupied by the middle plane of the undeformed plate (not uniquely). The admissible classes of non-homogeneous geometric boundary conditions are determined by the homeomorphism and isomorphism of a trace theorem (see Adams [20]) valid for the involved Cartesian product of Sobolev spaces.

A much more delicate problem is the determination of the admissible classes of static boundary conditions. The dual field quantities belong to Cartesian products of so-called "negative" Sobolev spaces for which the mentioned trace theorem is not valid. Nevertheless, for a restricted class of dual field quantities a generalized trace theorem and a generalized Green's formula seem to be available (see Labisch [18, 19]).

The investigated dual problems are embedded in infinite-dimensional Banach spaces. A mathematically rigorous reduction to sequences of finite dimensional approximations is achieved by the direct method of variational approaches. An elimination of passive coordinates introduced by the finite-dimensional representation of the applied plate model reduces the problem to the essential degree of freedom.

Position, geometry of the catastrophe and the catastrophe itself are prescribed by the considered boundary value problem. In case of two control parameters and one behaviour variable the most complicated occuring catastrophe is the Riemann-Hugoniot or cusp catastrophe (see Thom [14], p. 62). As the geometric and the dual static variational approach are equivalent a cusp catastrophe appearing in the neighbourhood of a simple eigenvalue may be approximated both by a geometric and also equivalently by a dual static variational approach.

If the plate model is not fixed, perturbations of the underlying topology are allowed and more than two control parameters appear then the concepts of stable and elementary catastrophes diverge (see Zeeman [15], p. 499). The problem becomes more sophisticated and this is the reason why here the number of control parameters is limited to two.

The contents are as follows:

In Section 2 the b.v.p. (boundary value problem) of the von Kármán plate version is introduced and explained. Two main steps are distinguished in the construction of an equivalent variational description.

In Section 3 it is shown that the constitutive relations define a gradient operator, whose antiderivative is the displacement energy density. Under some constraints the constitutive relations can be inverted. Then a dual energy density exists.

In order to accomplish the second step in Section 4 the classes of geometrically and of statically admissible functions are defined and in Section 5 an equivalent dual variational description of the nonlinear and of a corresponding linearized problem is constructed.

Illustrative numerical calculations for the case of a simply supported square plate were performed in Section 6 for the linearized and for the non-linear dual approach.

Concluding and generalizing remarks are given in Section 7.

2. The Boundary Value Problem for the von Kármán Plate Version

In a dimensionless formulation the considered b.v.p. is given by the equilibrium equations

$$-(m_{\alpha\beta,\beta\alpha} + n_{\alpha 3,\alpha} + p) = 0\,; \qquad -n_{\alpha\beta,\alpha} = 0\,; \qquad \forall \xi \in \Omega\,, \tag{2.1}$$

the geometric boundary conditions

$$u_i - u_i^* = 0\,, \qquad u_{3,n} - u_{3,n}^* = 0\,, \qquad i := \{1, 2, 3\}\,; \qquad \forall \xi \in \Gamma_u \tag{2.2}$$

denoted shortly

$$G(\boldsymbol{u})|_{\Gamma_u} = 0 \tag{2.3}$$

and the static boundary conditions

$$n_{ni} - n_{ni}^* = 0\,, \qquad m_{\alpha n} - m_{\alpha n}^* = 0\,, \qquad q_{n3} - q_{n3}^* = 0\,; \qquad \forall \xi \in \Gamma_t \tag{2.4}$$

denoted shortly

$$S(\boldsymbol{t})|_{\Gamma_t} = 0\,. \tag{2.5}$$

The static boundary conditions are not independent and therefore often the form

$$n_{n\alpha} - n_{n\alpha}^* = 0\,; \qquad m_{ns,s}' + q_{n3} + n_{n3} - (m_{ns,s}^* + q_{n3}^* + n_{n3}^*) = 0\,; \qquad m_{nn} - m_{nn}^* = 0 \tag{2.6}$$

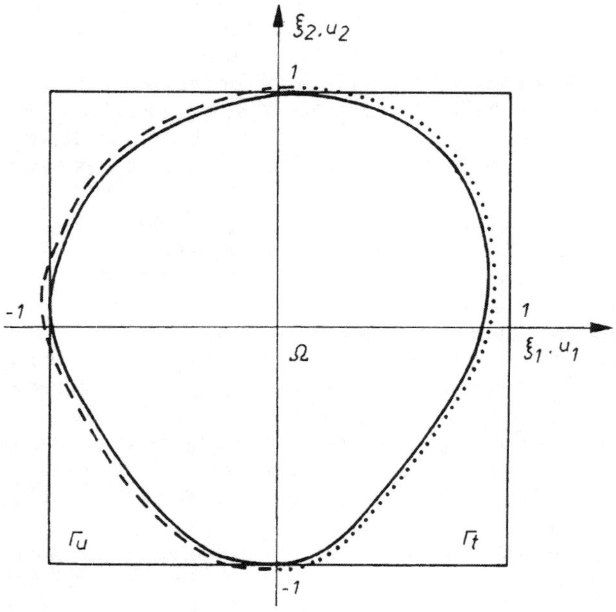

Fig. 1 Domain Ω for the dimensionless problem

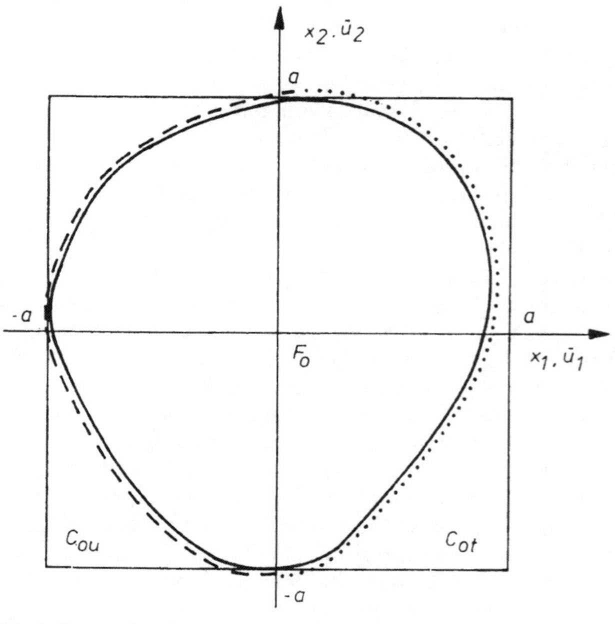

Fig. 2. Domain F_0 in the physical plane

denoted shortly

$$S_1(\boldsymbol{t})|_{\Gamma_t} = 0 \tag{2.7}$$

is employed.

The connection between geometric and static field quantities is given by the constitutive relations represented by moment resultants

$$m_{11} := -D(u_{3,11} + \nu u_{3,22}); \qquad m_{22} := -D(u_{3,22} + \nu u_{3,11}); \qquad m_{12} := -D(1 - \nu)\, u_{3,12} =: m_{21}, \tag{2.8}$$

stress resultants

$$n_{11} := D_1\big(e_{11}(\boldsymbol{u}) + \nu e_{22}(\boldsymbol{u})\big); \qquad n_{22} := D_1\big(e_{22}(\boldsymbol{u}) + \nu e_{11}(\boldsymbol{u})\big); \qquad n_{12} := D_1(1 - \nu)\, e_{12}(\boldsymbol{u}) =: n_{21}, \tag{2.9}$$

and vertical components

$$n_{13} := n_{11}u_{3,1} + n_{12}u_{3,2}; \qquad n_{23} := n_{12}u_{3,1} + n_{22}u_{3,2}. \tag{2.10}$$

Here Ω denotes an open domain with boundary Γ embedded in the square $|\xi_\alpha| \leqq 1$; $\alpha := 1, 2$ (see Figure 1) smooth enough so that the Trace Theorem (see ADAMS [20], theorem 7.53, p. 216) and Theorem A hold. For different components geometric and static boundary conditions may be given on different portions $\Gamma_{u_k} \subset \Gamma$ and $\Gamma_{t_k} \subset \Gamma$ respectively and therefore $\Gamma_u := \{\Gamma_{u_k}\}$ and $\Gamma_t := \{\Gamma_{t_k}\}$ should be taken as vectors. Here $\Gamma = \Gamma_u \cup \Gamma_t$, necessarily $\Gamma_{u_k} \neq \emptyset$; $\forall k$; $k = 1, 2, 3, 4$ and for simplicity we assume $\Gamma_{u_k} \cap \Gamma_{t_k} = \emptyset$; $\forall k$. $\boldsymbol{n} := (n_1, n_2)$ denotes the outer unit normal, $\boldsymbol{s} := (s_1, s_2)$ the unit tangent vector to Γ. $u_{3,n} := u_{3,\alpha}n_\alpha$, $n_{ni} := n_{\alpha i}n_\alpha$, $m_{\beta n} = m_{\beta\alpha}n_\alpha$, $q_{n3} := m_{\alpha n,\alpha}$, $m_{nn} := m_{\alpha n}n_\alpha$, $m_{ns} := m_{\beta n}s_\beta$, $D := \dfrac{1}{12(1 - \nu^2)}$, $D_1 := 12D$, ν denotes Poisson's ratio and the strains

$$e_{11}(\boldsymbol{u}) := u_{1,1} + \tfrac{1}{2} u_{3,1}^2; \qquad e_{22}(\boldsymbol{u}) := u_{2,2} + \tfrac{1}{2} u_{3,2}^2; \qquad 2e_{12}(\boldsymbol{u}) := u_{1,2} + u_{2,1} + u_{3,1}\, u_{3,2} \tag{2.11}$$

serve as abbreviations.

The summation convention is used and $(\cdot)_{,\alpha}$ or $(\cdot)_{,\alpha\beta}$ stands for a first or second order partial differentiation with respect to ξ_α or ξ_α and ξ_β.

Remark 2.1. For the bounded domain F_0 occupied by the middle plane of the undeformed plate embedded in the square $|x_\alpha| \leqq a$ (see Figure 2) the dimensionless formulation follows immediately if the dimensionless coordinates $\xi_\alpha := \dfrac{x_\alpha}{a}$, the dimensionless displacements $u_\alpha := \dfrac{a}{h^2}\bar{u}_\alpha$; $u_3 := \dfrac{\bar{u}_3}{h}$, the dimensionless static field quantities

$$n_{\alpha\beta} := \frac{a^2}{Eh^3}\bar{N}_{\alpha\beta}, \qquad n_{\alpha 3} := \frac{a^3}{Eh^4}\bar{N}_{\alpha 3}, \qquad m_{\alpha\beta} := \frac{a^2}{Eh^4}\bar{M}_{\alpha\beta},$$

and the dimensionless surface load $p := \left(\dfrac{a^4}{Eh^4}\bar{p}\right)$ are introduced. Here E denotes Young's modulus, $\bar{u}_\alpha$ the inplane displacements and $\bar{u}_3$ the deflection of the middle plane, $\bar{p}$ the surface load and h the plate thickness.

Remark 2.2. Usually equation $(2.1)_1$ is taken in the form

$$m_{\alpha\beta,\beta\alpha} + n_{\alpha\beta}u_{3,\beta\alpha} + p = 0. \tag{2.12}$$

If here the $n_{\alpha 3}$ are inserted and the remaining equilibrium equations taken into account $(2.1)_1$ follows easily.

Remark 2.3. We assume either $\Gamma_{u_k} \neq \emptyset$; $\forall k$ or if $\Gamma_{u_k} = \emptyset$ for some k the existence of a corresponding equivalent constraint. Otherwise some indefiniteness would appear. Additionally in case of $\Gamma_{u_k} = \emptyset$; $\forall k$ the linearity of (2.1) and (2.6) would lead to a linear description of the considered nonlinear problem.

Remark 2.4. The considered b.v.p. represents a modified von Kármán plate version. If the boundary, the boundary conditions and the surface load are smooth enough to permit the existence of a sufficiently smooth solution and the existence of an Airy stress function Φ such that

$$\bar{N}_{11} = h\Phi_{,22}, \qquad \bar{N}_{22} = h\Phi_{,11}, \qquad \bar{N}_{12} := -h\Phi_{,12} \tag{2.13}$$

then a reduction of the displacements $\bar{u}_\alpha$ in the equilibrium equations and the introduction of Φ lead to the known equations

$$\Delta^2\Phi = E(\bar{u}_{3,12}^2 - \bar{u}_{3,11}\bar{u}_{3,22}), \qquad \Delta^2\bar{u}_3 = \frac{h}{\bar{D}}\left(\frac{\bar{p}}{h} + \Phi_{,22}\bar{u}_{3,11} + \Phi_{,11}\bar{u}_{3,22} - 2\Phi_{,12}\bar{u}_{3,12}\right). \tag{2.14}$$

Here Δ^2 denotes the biharmonic operator, $\bar{D} := Eh^3D$ and by way of exception here $(\cdot)_{,\alpha\beta}$ stands for a second order partial differentiation with respect to x_α and x_β.

The introduction of the vertical stress components n_{13} and n_{23} is a crucial step which serves two purposes.

Firstly in the resulting equilibrium equations (2.1) the displacements do not appear explicitly. If the equations (2.1) are considered in terms of static field quantities, the displacements are eliminated automatically and therefore the objections raised against a true dual formulation by some authors (see for example MASUR and POPELAR [21], p. 204) are for this case removed.

Secondly the obtained system (2.1) is linear with respect to the introduced static field quantities. As the static boundary conditions (2.6) are linear, too, the statically admissible Piola-Kirchhoff-type like moment and stress resultants introduced in Section 4 form a linear manifold. This is a necessary condition for the existence of a true dual variational description.

3. Displacement Energy Density, Dual Energy Density and Strain Energy Density

The displacement derivatives and the stress and moment resultants occuring in the constitutive relations (2.8-10), here arranged in vector form

$$\boldsymbol{v}(\boldsymbol{u}) := \{u_{1,1}, u_{2,2}, u_{1,2} + u_{2,1}, u_{3,1}, u_{3,2}, -u_{3,11}, -u_{3,22}, -u_{3,12}\} \tag{3.1}$$

and

$$\boldsymbol{t}(n_{\alpha i}, m_{\alpha\beta}) := \{n_{11}, n_{22}, n_{12}, n_{13}, n_{23}, m_{11}, m_{22}, m_{12}\} \tag{3.2}$$

are particular representatives of the vectors

$$\boldsymbol{v} = (vl); \qquad l := (1, 3, \dots, 8) \tag{3.3}$$

and

$$\boldsymbol{t} = (t_l) \tag{3.4}$$

respectively. The constitutive relations written in terms of (3.3-4) are non-linear and of the form

$$\left.\begin{aligned} &t_1 := D_1(e_{11}(\boldsymbol{v}) + \nu e_{22}(\boldsymbol{v}))\,, \quad t_2 := D_1(e_{22}(\boldsymbol{v}) + \nu e_{11}(\boldsymbol{v}))\,, \quad t_3 := D_1(1-\nu)\, e_{12}(\boldsymbol{v})\,, \\ &t_4 := t_1 v_4 + t_3 v_5\,, \quad t_5 := t_3 v_4 + t_2 v_5\,, \quad t_6 := D(v_6 + \nu v_7)\,, \quad t_7 := D(v_7 + \nu v_6)\,, \end{aligned}\right\} \tag{3.5}$$
$$t_8 := D\,(1-\nu)\, v_8\,.$$

Again the strains

$$e_{11}(\boldsymbol{v}) := v_1 + \frac{v_4^2}{2}, \qquad e_{22}(\boldsymbol{v}) := v_2 + \frac{v_5^2}{2}, \qquad 2e_{12}(\boldsymbol{v}) := v_3 + v_4 v_5 \tag{3.6}$$

serve as abbreviations.

In order to embed our problem in suitable normed spaces Carathéodory continuity conditions (see BERGER [26], p. 76) are imposed on the constitutive relations. Then appropriate growth conditions (see BERGER [26], p. 77) guarantee that the vector $\boldsymbol{v}$ (3.3) can be considered as an element of the linear reflexive Cartesian product space

$$\boldsymbol{v} \in E_{\boldsymbol{v}}(\Omega) := (L_2(\Omega))^3 + (L_4(\Omega))^2 \times (L_2(\Omega))^3 \tag{3.7}$$

equipped with a corresponding norm.

In the space $E_{\boldsymbol{v}}(\Omega)$ Fréchet differentials, Fréchet derivatives and abstract integrals make sense.

Based on the Theorem on Gradient Operators and the Inverse Function Theorem (see BERGER [26], p. 94 and p. 113) we deduce

Theorem 3.1. Suppose $A_{\boldsymbol{v}}(\Omega)$ denotes a subset of $E_{\boldsymbol{v}}(\Omega)$ such that

$$\det \begin{pmatrix} t, t_3 \\ t_3, t_2 \end{pmatrix} \notin (-\varepsilon, \varepsilon); \; \varepsilon > 0 \tag{3.8}$$

holds.

Then on $A_{\boldsymbol{v}}(\Omega)$

(i) the constitutive relations (3.5) can be inverted yielding

$$\boldsymbol{v} = \boldsymbol{v}(\boldsymbol{t}) \quad \text{or} \quad v_l = v_l(\boldsymbol{t})$$

where

$$\left.\begin{aligned} &v_1 = t_1 - \nu t_2 - \frac{v_4^2(\boldsymbol{t})}{2}, \quad v_2 = t_2 - \nu t_1 - \frac{v_5^2(\boldsymbol{t})}{2}, \quad v_3 = 2(1+\nu)\, t_3 - v_4(\boldsymbol{t})\, v_5(\boldsymbol{t})\,, \\ &v_4 = \frac{t_4 t_2 - t_5 t_3}{t_1 t_2 - t_3^2}, \quad v_5 = \frac{t_5 t_1 - t_4 t_3}{t_1 t_2 - t_3^2}, \\ &v_6 = 12(t_6 - \nu t_7)\,, \quad v_7 = 12(t_7 - \nu t_6)\,, \quad v_8 = 12(1+\nu)\, t_8\,, \end{aligned}\right\} \tag{3.9}$$

and

$$\boldsymbol{t} \in F_{\boldsymbol{t}}(\Omega) := (L_2(\Omega))^3 \times (L_{4/3}(\Omega))^2 \times (L_2(\Omega))^3\,. \tag{3.10}$$

(ii) $\boldsymbol{t}(\boldsymbol{v})$ given by (3.5) is a gradient operator and

$$f(\boldsymbol{v}) := \frac{D_1}{2}[e_{11}^2(\boldsymbol{v}) + e_{22}^2(\boldsymbol{v}) + 2\nu e_{11}(\boldsymbol{v})e_{22}(\boldsymbol{v}) + 2(1-\nu)\, e_{12}^2(\boldsymbol{v})] + \frac{D}{2}[v_6^2 + v_7^2 + 2\nu v_6 v_7 + 2(1-\nu)\, v_8^2] \tag{3.11}$$

is its antiderivative.

(iii) $\boldsymbol{v}(\boldsymbol{t})$ given by (3.9) is a gradient operator and

$$g(\boldsymbol{t}) := \tfrac{1}{2}\left(t_1^2 + t_2^2 - 2\nu t_1 t_2 + 2(1+\nu)\, t_3^2\right) + \tfrac{1}{2}\left(t_4 v_4(\boldsymbol{t}) + t_5 v_5(\boldsymbol{t})\right) + 6\left(t_5^2 + t_6^2 - 2\nu t_5 t_6 + 2(1+\nu)\, t_8^2\right) \tag{3.12}$$

is its antiderivative.

Proof. A straightforward calculation reveals that the Fréchet derivative $\mathrm{d}\boldsymbol{t}(\boldsymbol{v})/\mathrm{d}\boldsymbol{v}$ of the mapping given by (3.5) exists, that the resulting matrix is symmetric and furthermore

$$\det \frac{\mathrm{d}\boldsymbol{t}(\boldsymbol{v})}{\mathrm{d}\boldsymbol{v}} = C(\nu, D, D_1) \det \begin{pmatrix} t_1(\boldsymbol{v}), t_3(\boldsymbol{v}) \\ t_3(\boldsymbol{v}), t_2(\boldsymbol{v}) \end{pmatrix}$$

where $C(\nu, D, D_1) > 0$.

Therefore (i) followsimmediately from the In verse Function Theorem, (ii) from an easy computation of the Riemann integral

$$f(\boldsymbol{v}) = \int_0^1 (t_l(\mu \boldsymbol{v})\, v_l)\, \mathrm{d}\mu$$

whose existence is guaranteed by part (iv) of the Theorem on Gradient Operators (see BERGER [26], p. 94) and (iii) from the Legendre transformation

$$g(\boldsymbol{t}) = t_l v_l(\boldsymbol{t}) - f(\boldsymbol{v}(\boldsymbol{t}))$$

valid by virtue of condition (3.8).

Two classes of degeneracy are relevant. The first class of degeneracy defined by

$$\det \frac{d\boldsymbol{t}(\boldsymbol{v})}{d\boldsymbol{v}} = 0$$

is here excluded by condition (3.8). In this paper only the remaining class of degeneracy in terms of displacements is investigated. See also LABISCH [18], theorems 3.3-5. □

Definition 3.1. The operator $f(\boldsymbol{v}(\boldsymbol{u}))$ given by (3.11) and evaluated for $\boldsymbol{v}(\boldsymbol{u})$ given by (3.1) is called displacement energy density.

The operator $g(\boldsymbol{t}(n_{\alpha i}, m_{\alpha\beta}))$ given by (3.12) and evaluated for $\boldsymbol{t}(n_{\alpha i}, m_{\alpha\beta})$ given by (3.2) is called dual energy density.

Remark 3.1. The special form of the operator (3.11) implies that the displacement energy density can be identified with the commonly used strain energy density. This guarantees the objectivity of the displacement energy density.

4. Admissible Classes of Functions and Associated Semihomogeneous Problem

A considerably delicate problem is the choice of spaces or linear manifolds admissible for a variational description of the considered b.v.p. Duality and completeness in the open domain Ω and on the boundary Γ, despite the expected non-uniqueness the homeomorphism and the isomorphism of the trace theorems and the validity of a generalized Green's formula must be taken into account.

If the solution of the non-homogeneous b.v.p. is sought in terms of displacements, then in accordance with the constitutive relations (2.8-10) and with (3.7) we can choose

$$u_\alpha \in W_{1,2}(\Omega)\,, \qquad u_3 \in W_{2,2}(\Omega)\,,$$

and therefore

$$\boldsymbol{u} \in \left(W_{1,2}(\Omega)\right)^2 \times W_{2,2}(\Omega) =: E_{\boldsymbol{u}}(\Omega)\,. \tag{4.1}$$

For this Cartesian product space the correspondence between the boundary values and the functions defined in the interior of Ω is characterized by a known Trace Theorem (see ADAMS [20], Theorem 7.53, p. 216). The problem becomes much more complicated if a solution is sought in terms of dual static field quantities. The space $E_{\boldsymbol{u}}^*(\Omega)$, dual in the sense of distributions to $E_{\boldsymbol{u}}(\Omega)$ is too broad. For $E_{\boldsymbol{u}}^*(\Omega)$ the trace theorem does not hold (see LABISCH [19]). The space must be restricted.

We define the space

$$E_t\,(\Omega) := \{n_{\alpha\beta}, n_{\alpha 3}, m_{\alpha\beta};\, n_{\alpha\beta}, n_{\alpha\beta,\alpha}, m_{\alpha\beta}, m_{\alpha\beta,\beta\alpha} + n_{\alpha 3,\alpha} \in L_2(\Omega);\quad n_{\alpha 3} \in L_{4/3}(\Omega);\, \alpha := (1, 2) =: \beta\} \tag{4.2}$$

and equip it with the graph norm

$$|||n_{\alpha\beta}, n_{\alpha 3}, m_{\alpha\beta}||| := ||n_{\alpha\beta}||_2 + ||n_{\alpha\beta,\alpha}||_2 + ||n_{\alpha 3}||_{4/3} + ||m_{\alpha\beta}||_2 + ||m_{\alpha\beta,\beta\alpha} + n_{\alpha 3,\alpha}||_2 \tag{4.3}$$

or any equivalent norm.

For this restricted space $E_t(\Omega)$ the generalized Trace Theorem A makes sense.

The Trace Theorem and Theorem A determine the mutually dual classes of admissible functions for the boundary conditions (2.2$_1$, (2.4) and the admissible class for the surface load $p(\xi)$:

$$\begin{array}{lll}
\text{(i)}\;\; u_\alpha^* \in W_{1/2,2}(\Gamma_u) & \text{(ii)}\;\; n_{n\alpha}^* \in W_{-1/2,2}(\Gamma_t) & \text{(iii)}\;\; p(\xi) \in L_2(\Omega) \\
\phantom{\text{(i)}}\;\; u_3^* \in W_{3/2,2}(\Gamma_u) & \phantom{\text{(ii)}}\;\; n_{n3}^* \in W_{-1/2,2}(\Gamma_t) & \\
\phantom{\text{(i)}}\;\; u_{3,n}^* \in W_{1/2,2}(\Gamma_u) & \phantom{\text{(ii)}}\;\; m_{n\alpha}^* \in W_{-1/2,2}(\Gamma_t) & \\
 & \phantom{\text{(ii)}}\;\; q_{n3}^* \in W_{-3/2,2}(\Gamma_t) &
\end{array} \tag{4.4}$$

For boundary conditions and surface loads chosen according to (4.4), we can specify the classes of admissible functions.

Definition 4.1. The class of functions given by

$$B_{\tilde{u}} := \{\tilde{\boldsymbol{u}} \in E_{\boldsymbol{u}}(\Omega);\, G(\tilde{\boldsymbol{u}})|_{\Gamma_u} = 0\} \tag{4.5}$$

is called manifold of geometrically admissible displacements.

Definition 4.2. The class of functions given by

$$B_{\tilde{\tilde{t}}} := \{(\tilde{\tilde{n}}_{\alpha i}, \tilde{\tilde{m}}_{\alpha\beta}) \in E_t\,(\Omega);\, \tilde{\tilde{m}}_{\alpha\beta,\beta\alpha} + \tilde{\tilde{n}}_{\alpha 3,\alpha} + p = 0;\, \tilde{\tilde{n}}_{\alpha\beta,\alpha} = 0;\, S\big(\boldsymbol{t}(\tilde{\tilde{n}}_{\alpha i}, \tilde{\tilde{m}}_{\alpha\beta})\big)|_{\Gamma_t} = 0\} \tag{4.6}$$

is called manifold of statically admissible Piola-Kirchhoff-type like moment and stress resultants.

We denote by $\overset{0}{v} := v(\overset{0}{u})$ the element of $E_v(\Omega)$ calculated for the fixed element $\overset{0}{u} \in E_u(\Omega)$, by $\overset{0}{t} := (n_{\alpha j}(\overset{0}{v}), m_{\alpha\beta}(\overset{0}{v}))$ the corresponding element of $E_t(\Omega)$ obtained by means of the constitutive relations (2.8-10), and indicate by $\underset{0}{(\cdot)}$ the induced boundary values.

If a solution exists then at least one $\overset{0}{u}$ exists, so that the boundary conditions $G(\overset{0}{u})_{\Gamma_u} = 0$; (2.3) and $S(\overset{0}{t})|_{\Gamma_t} = 0$; (2.5) are satisfied. We take such an $\overset{0}{u}$ and introduce by a feasible translation the new field quantities

$$U := u - \underset{0}{u}; \qquad V := v - \underset{0}{v}, \tag{4.7}$$

and

$$N_{\alpha i} := n_{\alpha i} - \underset{0}{n}_{\alpha i}, \qquad M_{\alpha\beta} := m_{\alpha\beta} - \underset{0}{m}_{\alpha\beta}, \tag{4.8}$$

respectively.

In terms of (4.7-8) the associated semihomogeneous b.v.p. given by the equilibrium equations

$$-[M_{\alpha\beta,\beta\alpha} + N_{\alpha 3,\alpha} + q_3] = 0, \qquad -[N_{\alpha\beta,\alpha} + q_\beta] = 0, \tag{4.9}$$

homogeneous geometric boundary conditions

$$U_i^* := 0, \qquad U_{3,n}^* = 0; \qquad \forall \xi \in \Gamma_u, \tag{4.10}$$

homogeneous static boundary conditions

$$N_{ni}^* = \mathbf{0}, \qquad Q_{n3}^* = \mathbf{0}, \qquad M_{\alpha n}^* = \mathbf{0}; \qquad \forall \xi \in \Gamma_t, \tag{4.11}$$

and associated constitutive relations

$$N_{\alpha i} := n_{\alpha i}(\underset{0}{v} + V) - \underset{0}{n}_{\alpha i}, \qquad M_{\alpha\beta} := m_{\alpha\beta}(\underset{0}{v} + V) - \underset{0}{m}_{\alpha\beta}, \qquad \forall \xi \in \Omega \tag{4.12}$$

where $q_\beta := \underset{0}{n}_{\alpha\beta,\alpha}$ and $q_3 := p + \underset{0}{m}_{\alpha\beta,\beta\alpha} + \underset{0}{n}_{\alpha 3,\alpha}$ is obtained.

The translation (4.7-8) moves hopefully the origin and therefore our considerations into a neighbourhood of the solution.

We expect that there exist catastrophe surfaces on which the number of solutions is changed. Precautionary part of the following considerations is carried out apart from catastrophe surfaces. For isolated degenerate points there is no loss of generality because the singular behaviour of the solution on the catastrophe surface may be examined by limit considerations on all solution branches.

5. Variational Description

We denote by $\mathring{E}_u(\Omega; \Gamma_u, \Gamma_t)$ a subset of $E_u(\Omega)$, so that on Γ_u the homogeneous geometric boundary conditions (4.10) and on Γ_t the homogeneous static boundary conditions (4.11) are satisfied.

Due to the homogeneous boundary conditions for each sufficiently smooth element $U \in \mathring{E}_u(\Omega; \Gamma_u, \Gamma_t)$ Green's formula leads to

$$I(U) = \iint_{\Omega\,0}^{\;\;1} \{-[M_{\alpha\beta,\beta\alpha} + N_{\alpha 3,\alpha} + q_3]\, U_3 - [N_{\alpha\beta,\alpha} + q_\beta]\, U_\beta\}\, d\mu\, d\Omega =$$

$$= \iint_{\Omega\,0}^{\;\;1} \{-M_{\alpha\beta}(\underset{0}{v} + \mu V)\, U_{3,\beta\alpha} + N_{\alpha 3}(\underset{0}{v} + \mu V)\, U_{3,\alpha} + N_{\alpha\beta}(\underset{0}{v} + \mu V)\, U_{\beta,\alpha} - q_\beta U_\beta - \dot{q}_3 U_3\}\, d\mu\, d\Omega\,. \tag{5.1}$$

and therefore to

Theorem 5.1. Apart from catastrophe surfaces an equivalent variational description is given

(i) for $U \in \mathring{E}_u(\Omega; \Gamma_u, \Gamma_t)$

and the semihomogeneous problem (4.9-12) by the functional

$$I(U) := \iint_{\Omega\,0}^{\;\;1} \{-M_{\alpha\beta}(\underset{0}{v} + \mu V)\, U_{3,\beta\alpha} + N_{\alpha 3}(\underset{0}{v} + \mu V)\, U_{3,\alpha} +$$

$$+ N_{\alpha\beta}(\underset{0}{v} + \mu V)\, U_{\beta,\alpha} - q_\alpha U_\alpha - q_3 V_3\}\, d\mu\, d\Omega; \tag{5.2}$$

(ii) for $\tilde{u} \in B_{\tilde{u}}$ given by (4.5) and for the b.v.p. given by (2.1-2), (2.4) and (2.8-10) by the functional

$$I(U) := \tilde{I}_u(\tilde{u}) - \underset{0}{\tilde{I}_u}(\tilde{u}), \tag{5.3}$$

where

$$I_u(\tilde{u}) := \int_\Omega [f(v(\tilde{u})) - p\tilde{u}_3]\, d\Omega - \langle \delta(n_{\alpha i}^*, m_{\alpha\beta}^*), \gamma\tilde{u}\rangle_{\Gamma_t} \tag{5.4}$$

and

$$\underset{0}{I_u}(\tilde{u}) := \int_\Omega [f(v(\underset{0}{\tilde{u}})) - p\underset{0}{\tilde{u}_3}]\, d\Omega - \langle \delta(n_{\alpha i}^*, m_{\alpha\beta}^*), \gamma\underset{0}{\tilde{u}}\rangle_{\Gamma_t}. \tag{5.5}$$

Here $\langle \,,\cdot\rangle_{\Gamma_t}$ denotes an extension of

$$\int_{\Gamma_t} [n_{n\alpha} u_\alpha + (q_{n3} + n_{n3})\, u_3 - m_{n\alpha} u_{3,\alpha}]\, \mathrm{d}\Gamma . \tag{5.6}$$

In formula (5.5) on $\tilde{u}$ only the restriction $\tilde{u} \in B_{\tilde{u}}(\Omega)$ is imposed. $\gamma\tilde{u}$ denotes the trace of $\tilde{u}$ on Γ (see LABISCH [19], definition 1.4). The trace operator $\boldsymbol{\delta}(\cdot,\cdot)$ is defined in the Appendix (formula (A.2)).

Proof. See LABISCH [18], theorem 6.1. □

For theoretical considerations part (i) of Theorem 5.1 is sufficient. For numerical applications it is easier to deal with the manifold $B_{\tilde{u}}(\Omega)$ than with the set $\mathring{E}_u(\Omega; \Gamma_u, \Gamma_t)$. Nevertheless the functional (5.2) is very useful if a locally linearized variational description is constructed.

In order to develop a true dual variational description of the b.v.p. (2.1), (2.2), (2.4) and (2.8-10) we formulate for $\boldsymbol{u} \in E_u(\Omega)$, $\boldsymbol{v} \in E_v(\Omega)$ and $(n_{\alpha i}, m_{\alpha\beta}) \in E_t(\Omega)$ without any restriction by boundary conditions

Theorem 5.2. Let $I_u\colon E_u(\Omega) \times E_v(\Omega) \times E_t(\Omega) \to R$ and $I_c\colon E_u(\Omega) \times E_t(\Omega) \to R$ be given by

$$I_u(u_i, v_l, n_{\alpha i}, m_{\alpha\beta}) := \int_\Omega [f(\boldsymbol{v}) - p u_3]\, \mathrm{d}\Omega - \langle \delta(n^*_{\alpha i}, m^*_{\alpha\beta}), \gamma \boldsymbol{u}\rangle_{\Gamma_t} +$$
$$+ \int_\Omega [n_{\alpha\beta}(u_{\beta,\alpha} - v_{\beta\alpha}) + n_{\alpha 3}(u_{3,\alpha} - v_{3\alpha}) - m_{\alpha\beta}(u_{3,\beta\alpha} - v_{3\beta\alpha})]\, \mathrm{d}\Omega - \langle \boldsymbol{\delta}(n_{\alpha i}, m_{\alpha\beta}), \gamma(\boldsymbol{u} - \boldsymbol{u}^*)\rangle_{\Gamma_u} \tag{5.7}$$

and

$$I_c(u_i, n_{\alpha i}, m_{\alpha\beta}) := -\int_\Omega g(\boldsymbol{t}(n_{\alpha i}, m_{\alpha\beta}))\, \mathrm{d}\Omega + \langle \boldsymbol{\delta}(n_{\alpha i}, m_{\alpha\beta}), \gamma \boldsymbol{u}^*\rangle_{\Gamma_u} -$$
$$- \int_\Omega [(-n_{\alpha\beta,\beta\alpha} + n_{\alpha 3,\alpha} + p)\, u_3 + n_{\alpha\beta,\alpha} u_\beta]\, \mathrm{d}\Omega + \langle \boldsymbol{\delta}(n_{\alpha i} - n^*_{\alpha i}, m_{\alpha\beta} - m^*_{\alpha\beta}), \gamma \boldsymbol{u}\rangle_{\Gamma_t} . \tag{5.8}$$

Then if det $(n_{\alpha\beta})$ is bounded apart from zero

$$I_u(u_i, v_l, n_{\alpha i}, m_{\alpha\beta}) = I_c(u_i, n_{\alpha i}, m_{\alpha\beta}) \tag{5.9}$$

holds. Here $\langle \cdot, \cdot\rangle_{\Gamma_u}$ denotes analogously as in (5.5) the extension of (5.6) on Γ_u, and $v_{3\alpha}$, $v_{3\beta\alpha}$ denote those elements of $E_v(\Omega)$ which correspond to $u_{3,\alpha}$ and $u_{3,\beta\alpha}$ respectively.

We have also

Theorem 5.3

(i) The restriction of the functional (5.7) to the manifold of geometrically admissible displacements $B_{\tilde{u}}$ leads to the functional

$$\tilde{I}_u(\tilde{\boldsymbol{u}}) := I_u(\tilde{u}_i, v_l(\tilde{\boldsymbol{u}}), n_{\alpha i}, m_{\alpha\beta}) = [\int_\Omega f(\boldsymbol{v}(\tilde{\boldsymbol{u}})) - p u_3]\, \mathrm{d}\Omega - \langle \boldsymbol{\delta}(n^*_{\alpha i}, m^*_{\alpha\beta}), \gamma \tilde{\boldsymbol{u}}\rangle_{\Gamma_t} . \tag{5.10}$$

(ii) The restriction of the functional (5.8) to the manifold of statically admissible Piola-Kirchhoff-type like moment and stress resultants $B_{\tilde{\tilde{t}}}$ leads to the functional

$$\tilde{\tilde{I}}_c(\tilde{\tilde{\boldsymbol{t}}}) := I_c(u_i, \tilde{\tilde{n}}_{\alpha i}, \tilde{\tilde{m}}_{\alpha\beta}) = -\int_\Omega g(\tilde{\tilde{\boldsymbol{t}}})\, \mathrm{d}\Omega + \langle \delta(\tilde{\tilde{n}}_{\alpha i}, \tilde{\tilde{m}}_{\alpha\beta}), \gamma \boldsymbol{u}^*\rangle_{\Gamma_u} . \tag{5.11}$$

Here $\tilde{\tilde{\boldsymbol{t}}} := (\boldsymbol{t}(\tilde{\tilde{n}}_{\alpha i}, \tilde{\tilde{m}}_{\alpha\beta}))$.

(iii) The functional (5.10) and the functional (5.11) determine a true dual variational description of the b.v.p. given by (2.1), (2.2), (2.4) and (2.8-10).

Proof. See LABISCH [18], theorem 7.1. and theorem 7.2. The equivalence of the dual variational description is limited to the considered class of degeneracy. □

A locally linearized approach to the considered problem can be obtained from the functional (5.2) if for $\underset{0}{u_3} = \underset{0}{u_{3,\alpha}} = \underset{0}{u_{3,\alpha\beta}} = 0$ we can choose $\underset{0}{\boldsymbol{u}}$ so that

$$\underset{0}{n_{\alpha\beta,\alpha}} = 0 \quad \text{in } \Omega \tag{5.12}$$

and on the corresponding component of Γ_t

$$n_\alpha \underset{0}{n_{\alpha\beta}}|_{\Gamma_t} = n^*_{n\beta} . \tag{5.13}$$

Then $\underset{0}{n_{\alpha 3}} := \underset{0}{n_{\alpha\beta}} \underset{0}{u_{3,\alpha}} = 0$ and with

$$U_\alpha = 0\,, \qquad U_3 = u_3 \tag{5.14}$$

we have $q_3 = p$, $q_\beta = 0$.

Since the simplified problem does not explicitly depend on U_α only the equation

$$-[m_{\alpha\beta,\beta\alpha} + (n_{\alpha\beta} u_{3,\alpha})_{,\beta} + p] = 0 \quad \text{in } \Omega \tag{5.15}$$

with suitable boundary conditions is relevant.

The variational description is given by the functional

$$\tilde{I}_{uL}(u_3) := \int\limits_{\Omega} [f_L(u_{3,\alpha}, u_{3,\alpha\beta}; \underset{0}{n_{\alpha\beta}}) - pu_3] \, d\Omega - \int\limits_{\Gamma_t} [(q^*_{n3} + n^*_{n3}) u_3 - m^*_{n\alpha} u_{3,\alpha}] \, d\Gamma \tag{5.16}$$

where

$$f_L(u_{3,\alpha}, u_{3,\alpha\beta}; \underset{0}{n_{\alpha\beta}}) := \frac{D}{2} (u^2_{3,11} + u^2_{3,22} + 2\nu u_{3,11} u_{3,22} +$$

$$+ 2(1-\nu) u^2_{3,12}) + \frac{1}{2} \underset{0}{n_{11}} u^2_{3,1} + \underset{0}{n_{22}} u^2_{3,2} + 2 \underset{0}{n_{12}} u_{3,1} u_{3,2}). \tag{5.17}$$

The functional (5.16) is frequently and successfully applied in order to calculate eigenvalues or buckling loads, see for example MICHLIN [23], SUNDARAJAN [24] or TIMOSHENKO and all [25].

If fixed statically admissible $n_{\alpha\beta}$ are inserted into the functional (5.11), then for $n_{11}n_{22} - n^2_{12} \neq 0$ a meaningful quadratic functional for the linearized dual approach is obtained automatically.

Remark 5.1. The quadratic functional (5.16) is evaluated on the basis of formula (5.3) for an origin in $(\underset{0}{u_1}, \underset{0}{u_2}, 0)$ so that (5.12) and (5.13) are satisfied.

The corresponding static quadratic functional is evaluated on the basis of (5.11) for the absolute origin (0, 0, 0).

Therefore these two functionals can define equivalently the same solution, but the values of the functionals show a difference determined by (5.11).

6. Numerical Example

Vital significance for numerical calculations has a finite-dimensional approximation of the sought solution, ready for an adequate description of the occuring topological phenomena. Here this step is accomplished by inserting smooth finite-dimensional elements of the geometrically (4.5) or statically admissible class of trial functions (4.6) into the functional (5.10) or (5.11) respectively.

For illustration the simply supported square plate where

$$\Omega := \{\xi_\alpha; |\xi_\alpha| \leqq 1, \alpha := (1, 2)\} \tag{6.1}$$

with movable edges subjected to a constant compression due to the boundary conditions

$$\begin{aligned} &u^*_3 = 0\,, && \Gamma_u = \Gamma \\ &m^*_{nn} = 0\,, && \\ &n^*_{nn} = -N\,, \quad N \geqq 0 && \Big\} \Gamma_t = \Gamma\,, \\ &u_\alpha(0, 0) = 0 && \end{aligned} \tag{6.2}$$

is considered. All numerical calculations were performed on a simple Texas TI 58.

The functional (5.16) evaluated for

$$n_{12} = n_{21} = 0\,, \qquad n_{11} = n_{22} = -N\,, \qquad u_3 = \gamma \cos \frac{\pi}{2} \xi_1 \cos \frac{\pi}{2} \xi_2 \tag{6.3}$$

leads to

$$\tilde{I}_{uL}(\gamma) = \gamma^2 (1.115030804 - N \cdot 2.4674011) - \gamma \cdot p \cdot \frac{16}{\pi^2}, \tag{6.4}$$

$N < 0$ corresponds to tensile, $N > 0$ to compressive forces. For increasing N, the coefficient of γ^2 changes its sign for $N = .4519049634 = \lambda_1$, the exact first simple eigenvalue. The local functional is convex for $N < \lambda_1$, concave for $N = \lambda_1$ and forms a straight line for $N = \lambda_1$ (see Figure 3).

The functional (5.11) evaluated for the statically admissible functions

$$n_{12} = n_{21} = 0\,, \qquad n_{11} = n_{22} = -N\,,$$

$$\left.\begin{aligned} &m_{11} = m_{22} = q_1 \cos \frac{\pi}{2} \xi_1 \cos \frac{\pi}{2} \xi_2\,, \qquad m_{12} = -\frac{p}{2} \xi_1 \xi_2 + (q_1 - q_2) \sin \frac{\pi}{2} \xi_1 \sin \frac{\pi}{2} \xi_2\,, \\ &n_{13} = q_2 \frac{\pi}{2} \sin \frac{\pi}{2} \xi_1 \cos \frac{\pi}{2} \xi_2\,, \qquad n_{23} = q_2 \frac{\pi}{2} \cos \frac{\pi}{2} \xi_1 \sin \frac{\pi}{2} \xi_2 \end{aligned}\right\} \tag{6.5}$$

leads for fixed $n_{\alpha\beta}$ to the functional

$$-I_c(\gamma_1, \gamma_2) = N^2 \Big\{2.8 + \frac{5.2}{3} \bar{p}^2 + 8.4\gamma_1^2 + 15{,}6 \left[(\gamma_1 - \gamma_2)^2 - \bar{p}(\gamma_1 - \gamma_2) \frac{64}{\pi^4}\right] - \frac{\gamma_2^2}{N} \cdot \frac{\pi^2}{4}\Big\}. \tag{6.6}$$

Here $\gamma_1 = \frac{q_1}{N}$, $\gamma_2 = \frac{q_2}{N}$, $\bar{p} = \frac{p}{|N|}$ and the vertical stress components $n_{\alpha 3}$ are chosen geometrically admissible, so that γ_2 corresponds to γ in (6.3). The passive coordinate γ_1 can be eliminated.

The resulting local functionals are for different N shown in Figure 3. The difference of the extremal points is explained in Remark 5.1.

The equilibrium paths for $p = \text{const}$ are immediately approximated by

$$\gamma = \frac{8 \cdot p}{1.115030804 - N \cdot 2.4674011} \frac{1}{\pi^2} \tag{6.7}$$

and shown in Figure 4. Here no difference between the geometric and the static approach is observed.

The geometrically admissible displacements

$$u_1 = \alpha\xi_1 + \beta\xi_1^3, \qquad u_2 = \alpha\xi_2 + \beta\xi_2^3, \qquad u_3 = \gamma \cos\frac{\pi}{2}\xi_1 \cos\frac{\pi}{2}\xi_2 \tag{6.8}$$

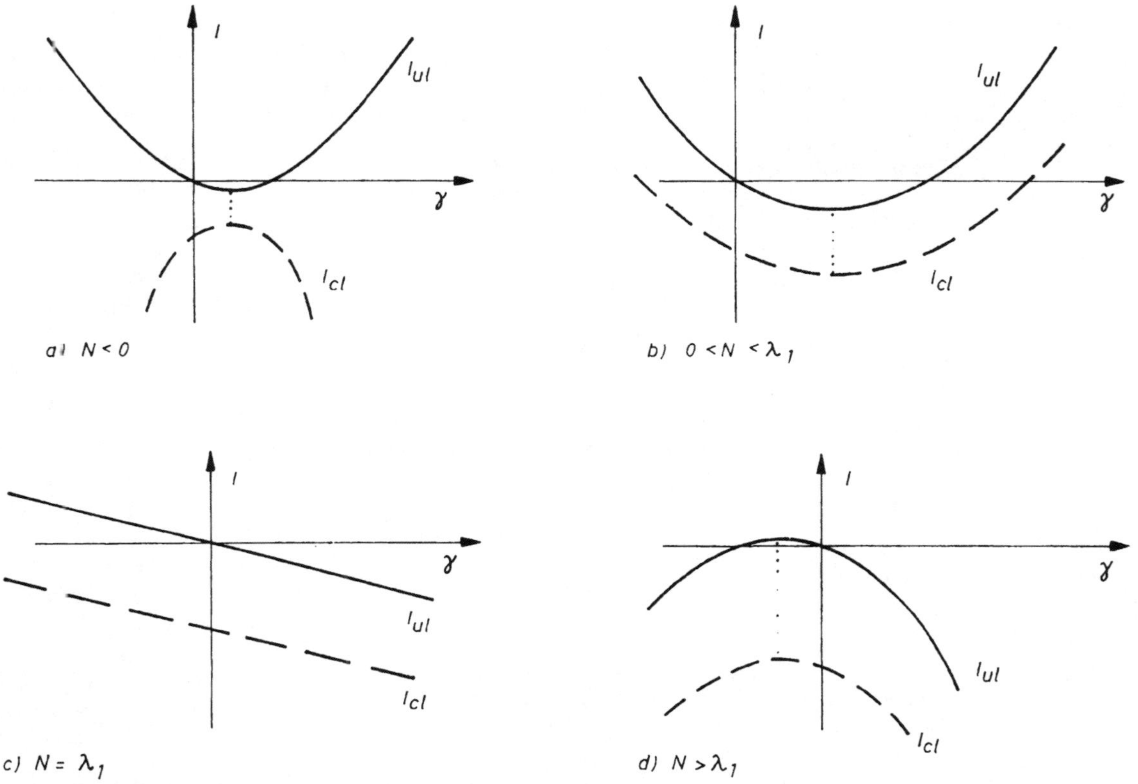

Fig. 3 Linearized problem, schematic behaviour of local functionals

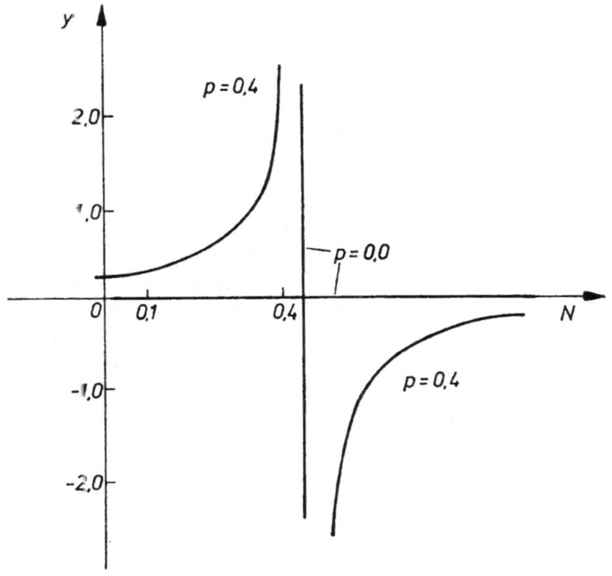

Fig. 4. Linearized problem, approximation of γ

inserted into the functional (5.10) lead for p = const to the finite dimensional representation

$$\tilde{I}_u(\alpha, \beta, \gamma) = A\gamma^4 + \gamma^2(B + C\alpha + D\beta) + E\alpha^2 + 2E\alpha\beta + G\beta^2 + 8N(\alpha + \beta) - Fp\gamma \tag{6.9}$$

where

$A = 1.045341379$, $B = 1.115030804$, $C = 3.524858715$,

$D = 4.678704868$, $E = 5.714285714$, $F = 1.621138938$, $G = 9.230769231$.

Elimination of the passive coordinates α and β by means of

$$\frac{\partial I_u}{\partial \alpha} = \frac{\partial I_u}{\partial \beta} = \frac{\partial I_u}{\partial \gamma} = 0 \tag{6.10}$$

leads to

$$\gamma^3 + (K - L \cdot N)\,\gamma - p \cdot M = 0 \tag{6.11}$$

where

$K = 1.369438452$, $L = 3.030368248$, $M = 0.995510613$.

With p and N as control parameters, the solution for γ corresponds to the cusp catastrophe (see THOM [14], p. 62). For $p = 0$ the solution bifurcates from a point determined by the exact eigenvalue λ_1. The behaviour of the solution is shown in Figure 5 and in Figure 6.

The statically admissible finite-dimensional element of (4.6)

$$\left.\begin{aligned}
m_{11} &= m_{22} = q_1 \cos\frac{\pi}{2}\xi_1 \cos\frac{\pi}{2}\xi_2\,,\\
m_{12} &= (q_1 - q_2)\sin\frac{\pi}{2}\xi_1 \sin\frac{\pi}{2}\xi_2 - \frac{\beta q_2}{16}(\sin 2\pi\xi_1 \sin\pi\xi_2 + \sin\pi\xi_1 \sin 2\pi\xi_2) - \frac{p}{2}\xi_1\xi_2\,,\\
n_{11} &= n_{22} = -N(1 + \beta\cos\tfrac{3}{2}\pi\xi_1\cos\tfrac{3}{2}\pi\xi_2)\,,\\
n_{12} &= n_{21} = -N\beta\sin\tfrac{3}{2}\pi\xi_1\sin\tfrac{3}{2}\pi\xi_2\,,\\
n_{13} &= q_2\frac{\pi}{2}\left[\sin\frac{\pi}{2}\xi_1\cos\frac{\pi}{2}\xi_2 + \frac{\beta}{2}(\sin 2\pi\xi_1\cos\pi\xi_2 - \sin\pi\xi_1\cos 2\pi\xi_2)\right],\\
n_{23} &= q_2\frac{\pi}{2}\left[\cos\frac{\pi}{2}\xi_1\sin\frac{\pi}{2}\xi_2 + \frac{\beta}{2}(\cos\pi\xi_1\sin 2\pi\xi_2 - \cos 2\pi\xi_1\sin\pi\xi_2)\right]
\end{aligned}\right\} \tag{6.12}$$

inserted into (5.11) leads to

$$-\tilde{\tilde{I}}_e(q_1, q_2, \beta) = N^2\left(2.8 + 2\beta^2 + \frac{24.4}{9\pi^2}\beta\right) + 8.4q_1^2 +$$

$$+ 15.6\left[(q_1 - q_2)^2 + \frac{\beta^2 q_2^2}{128} + \beta(q_1 - q_2)\,q_2\frac{32}{45\pi^2} + \frac{p^2}{9} - p(q_1 - q_2)\frac{64}{\pi^4} - \frac{pq_2\beta}{4\pi^2}\right] - \frac{q_2^2}{N}\left[\frac{\pi^2}{4} - \beta\frac{4}{45}\right]. \tag{6.13}$$

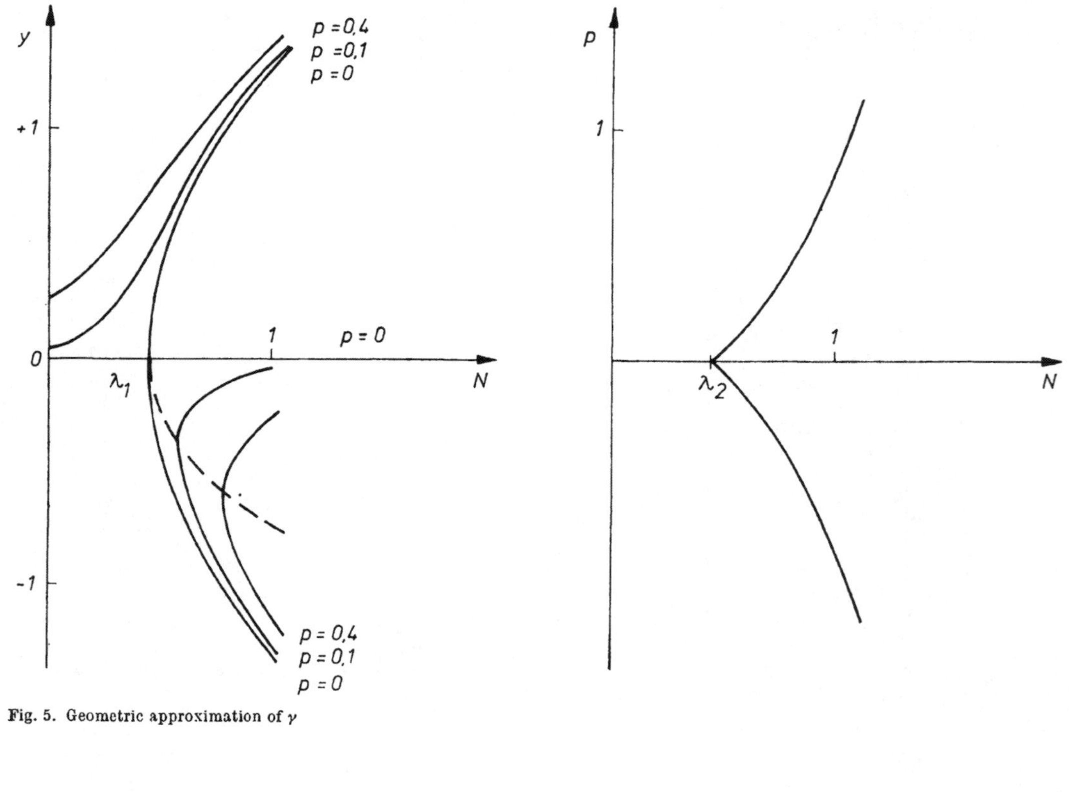

Fig. 5. Geometric approximation of γ

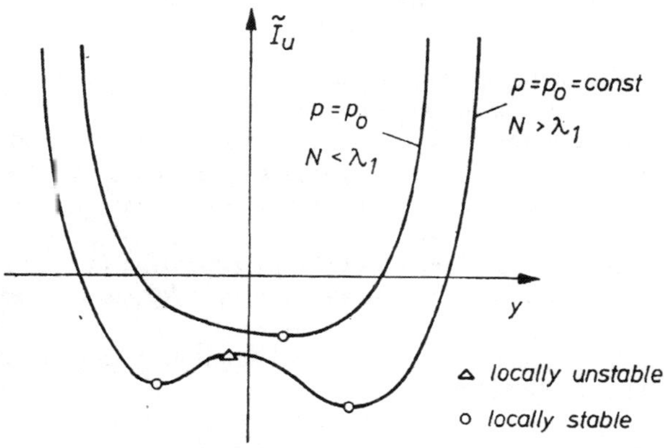

Fig. 6. Geometric approximation, schematic behaviour of local functionals

Analogously to (6.5) the components $n_{3\alpha}$ are chosen geometrically admissible, so that q_2/N corresponds to γ in (6.8). Evaluation of

$$\frac{\partial \tilde{\tilde{I}}_c}{\partial q_1} = \frac{\partial \tilde{\tilde{I}}_c}{\partial q_2} = \frac{\partial \tilde{\tilde{I}}_c}{\partial \beta} = 0$$

and elimination of q_1 lead to

$$(A + A_1\beta + A_2\beta^2)\, q_2 + (A_3 - A_4\beta)\, p = 0\,, \qquad \left(\frac{A_1}{2} + A_2\beta\right) q_2^2 - A_4 p q_2 + N^2(4\beta + A_5) = 0 \tag{6.14}$$

where

$$A = 10.92 - \frac{\pi^2}{2N}, \qquad A_1 = \frac{8}{45N} - 0.7867927648\,, \qquad A_2 = 0.2174301507\,,$$

$$A_3 = 3.587344839\,, \qquad A_4 = 0.155144371\,, \qquad A_5 = \frac{22.4}{9\pi^2}\,.$$

Elimination of β implies

$$a_0 + a_1\gamma + a_2\gamma^2 + a_3\gamma^3 + a_4\gamma^4 + a_5\gamma^5 = 0 \tag{6.15}$$

with

$$a_0 = (16A_3 + 4A_4A_5)\bar{p}\,, \quad a_1 = 16A - 4A_1A_5 + A_5^2A_2 - 4A_4^2\bar{p}^2\,, \quad a_2 = (6A_1A_4 + 8A_2A_3 - A_5A_2A_4)p\,,$$

$$a_3 = 8AA_2 - 2A_1^2\,, \qquad a_4 = \left(\frac{A_1}{2}A_4 + A_3A_2\right)A_2\bar{p}\,, \qquad a_5 = 8a_3A_2; \qquad \bar{p} = \frac{p}{N}\,, \qquad \gamma = \frac{q_2}{N}.$$

In agreement with a known theorem (see ZEEMAN [15], p. 23 and p. 499) equation (6.15) determines in a small neighbourhood of $\gamma = 0$, $N = .4508477243$ a cusp catastrophe. The behaviour of γ is shown in Figure 7.

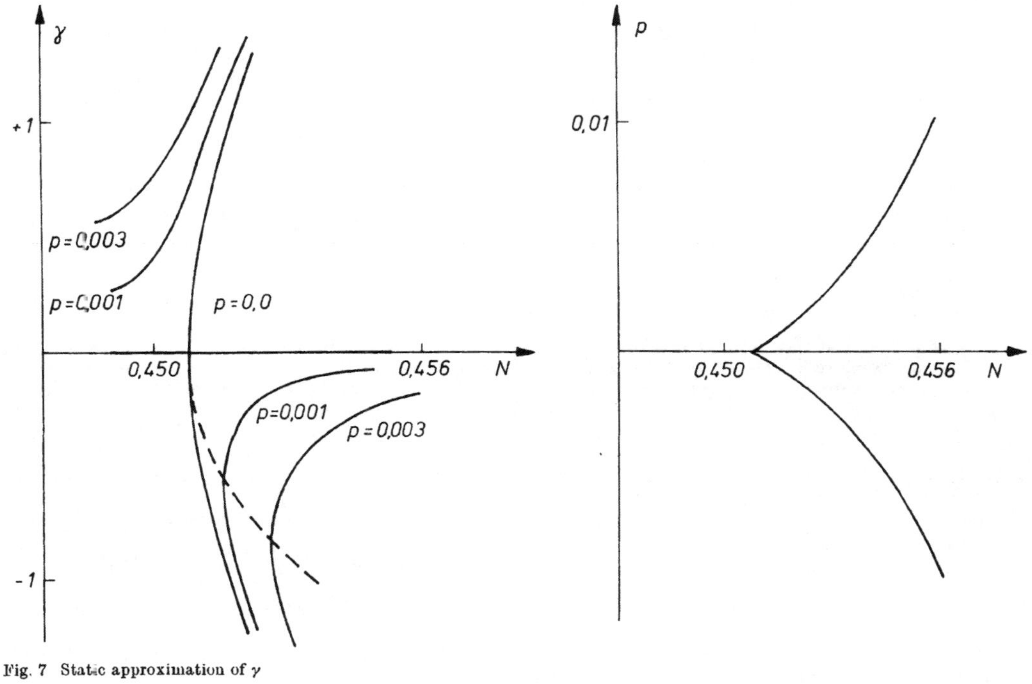

Fig. 7 Static approximation of γ

7. Conclusions

In order to arrive at so-called correctly posed initial or boundary value problems it is necessary to restrict the class of considered problems of continuum mechanics in agreement with the viewpoint:

"For example a constitutive equation together with the equation of motion should lead to a definite theory in the sense that the existence, uniqueness and stability of solutions of meaningful boundary-value or initial-value problems can be proved, except in cases where instability or failure of uniqueness can be expected on physical grounds", (see TRUESDELL and NOLL [22], p. 47).

The consideration of bifurcation and snap through phenomena and the investigation of stability, failure of structures and related problems demands the introduction of non-unique solutions and focusses our attention especially on those excepted cases.

A necessary profound framework in functional analysis can be constructed employing an inherently nonlinear highly versatile adequate mathematical model. The entire morphology of solutions must be extracted from the underlying initial or boundary value problem.

It is difficult to determine if the morphology of available finite dimensional approaches is equivalent to that of the exact solution. We can not expect that the appearing topological singularities should correspond to elementary catastrophes. The relatively simple case of a cusp makes an exception.

It turns out that the applied von Kármán plate version corresponds at least locally to an adequate mathematical model.

The equivalent dual variational description is a consequence of the one-to-one correspondence of the displacement derivatives and the Piola-Kirchhoff-type like moment and stress resultants guaranteed by the Inverse Function Theorem and condition (3.8).

Based on Theorem 5.2. and Theorem 5.3. a one-to-one correspondence of geometrically and of statically approximated displacements seems to be guaranteed also for more complicated catastrophe surfaces. Cautionary this should be confirmed by suitable examples.

Equivalent stability statements are immediately obtained by considering local functionals expressed either in terms of the geometric or in terms of the dual static approach. (see for example Figure 6).

Appendix

We define

$$\breve{E}_t(\Omega) := \{\text{closure of } (n_{\alpha i}, m_{\alpha\beta}) \in C_0^\infty(\Omega) \text{ in the norm } (4.3)\} \qquad (A.1)$$

and introduce the trace operator

$$\boldsymbol{\delta}(n_{\alpha i}, m_{\alpha\beta}) := \{n_{n\alpha}|_\Gamma, n_{n3}|_\Gamma, m_{n\alpha}|_\Gamma, q_{n3}|_\Gamma\}\,. \qquad (A.2)$$

Remark A.2. The kernel or null space of the trace operator $\boldsymbol{\delta}$ denoted ker $\boldsymbol{\delta}$ is exactly the space $\mathring{E}_t(\Omega)$ given by (A.1). Now we can state (without proof)

Theorem A. For sufficiently smooth Ω

(i) the linear operator $\boldsymbol{\delta}$ defined by (A.2) extends by continuity to an isomorphism and homeomorphism of the quotient space

$$E_t(\Omega)/\ker \boldsymbol{\delta} \quad \text{onto}$$

$$(W_{-1/2,2}(\Omega))^2 \times (W_{-1/2,2}(\Omega))^3 \times W_{-3/2,2}(\Omega)\,.$$

(ii) $\forall \boldsymbol{u} \in E_{\boldsymbol{u}}(\Omega)$, $\forall (n_{\alpha i}, m_{\alpha\beta}) \in E_t(\Omega)$ the generalized Green's formula

$$\int_\Omega (-m_{\alpha\beta}u_{3,\beta\alpha} + n_{\alpha 3}u_{3,\alpha} + n_{\alpha\beta}u_{\beta,\alpha})\,d\Omega + \int_\Omega [(n_{\alpha\beta,\alpha}u_\beta + (m_{\alpha\beta,\beta\alpha} + n_{\alpha 3,\alpha})\,u_3]\,d\Omega = \langle \boldsymbol{\delta}(n_{\alpha i}, m_{\alpha\beta}), \gamma\boldsymbol{u}\rangle_\Gamma$$

holds, where $\langle \boldsymbol{\delta}(n_{\alpha i}, m_{\alpha\beta}), \gamma\boldsymbol{u}\rangle_\Gamma$ denotes the extension of

$$\int_\Gamma [n_{n\alpha}u_\alpha + (q_{n3} + n_{n3})\,u_3 - m_{n\alpha}u_{3,\alpha}]\,d\Gamma\,. \;\square$$

References

1 SEWELL, M. J., On Legendre Transformations and Elementary Catastrophes, Math. Proc. Camb. Phil. Soc. 82 (1977), 147–163
2 SEWELL, M. J., On Legendre Transformations and Umbilic Catastrophes, Math. Proc. Camb. Phil. Soc. 83 (1978), 273–288.
3 SEWELL, M. J., Complementary Energy and Catastrophes, IUTAM Symposium "Variational Methods in the Mechanics of Solids" ed. NEMAT-NASSER, S., Pergamon Press (1980), 163–168.
4 KOITER, W. T., Complementary Energy, Neutral Equilibrium and Buckling, Proc. Kon. Ned. Akad. Wetensch. B 79 (1976), 183–200.
5 KOITER, W. T., On the Complementary Energy Theorem in Non-linear Elasticity Theory, Trends in Appl. of Pure Math. to Mech. ed. FICHERA (1976), 207–232.
6 CHILLINGWORTH, D., The Catastrophe of a Buckling Beam, in "Dynamical Systems — Warwick 1974", Lecture Notes in Math. Vol. 488 Springer (1975), 88–91.
7 CHOW, S.; HALE, J. K.; MALLET-PARET, J., Applications of Generic Bifurcation. I. Arch. Rational Mech. Anal. 59 (1975), 159 to 188.
8 HUI, D.; HANSEN, J. S., Two-mode Buckling of an Elastically Supported Plate and its Relation to Catastrophe Theory, J. Appl. Mech. 47 (1980), 607–612.
9 HUSEYIN, K.; MANDADI, V., On the Instability of Multi-parameter Systems, XV IUTAM Congress, ed. RIMROTT, F. P. J., and TABARROK, B., North-Holland Publishing Co. (1980), 281–294.

10 HUTCHINSON, J. W., Imperfection Sensitivity of Externally Pressurized Spherical Shells, ASME J. Appl. Mech. **34** (1967), 49–55.
11 MATKOWSKY, B.; PUTNIK, L., Multiple Buckled States of Rectangular Plates, Int. J. Nonlinear Mech. **9** (1974), 88–103.
12 THOMPSON, J. M. T.; HUNT, G. W., A General Theory of Elastic Stability, Wiley-Interscience (1973).
13 THOMPSON, J. M. T., Catastrophe Theory and its Role in Applied Mechanics, XIV IUTAM Congress, ed. KOITER, W. T., North-Holland Publishing Co. (1976), 451–458.
14 THOM, R., Structural Stability and Morphogenesis, Benjamin, Reading, Mass. (1975).
15 ZEEMAN, E. C., Catastrophe Theory, Addison-Wesley Publishing Co. Inc. Reading, Mass. (1977).
16 WHITNEY, H., On Singularities of Mappings in Euclidean Spaces. I. Mappings of the Plane into the Plane, Ann. of Math. **62** (1955), 374–410.
17 STUMPF, H., Dual Extremum Principles and Error Bounds in the Theory of Plates with Large Deflections, Archives of Mechanics, **27** (1975), 485–496.
18 LABISCH, F. K., Duality, Variational Principles and Error Bounds in the von Kármán Plate Theory, IV Symposium "Trends in Appl. of Pure Math. to Mech." Bratislava 1981. General Lecture. (to appear).
19 LABISCH, F. K., On the Dual Formulation of Boundary Value Problems in Non-linear Elastostatics, Int. J. Engng. Sci. **20** (1982), 413–431.
20 ADAMS, R. A., Sobolev Spaces, Academic Press, New York (1975).
21 MASUR, E. F.; POPELAR, C. H., On the Use of the Complementary Energy in the Solution of Buckling Problems, Int. J. Solids Struct. **12** (1976), 203–216.
22 TRUESDELL, C.; NOLL, W., The Non-linear Field Theories of Mechanics, Handbuch der Physik, III/3, Berlin, Springer Verlag (1965).
23 MICHLIN, S. G., Variationsmethoden der mathematischen Physik, Akademie-Verlag, Berlin (1962).
24 SUNDARAJAN, C., Stability Analysis of Plates by a Complementary Energy Method, Int. J. Num. Meth. Engng. **15** (1980), 343 to 349.
25 TIMOSHENKO, S. P.; WOINOWSKY-KRIEGER, S., Theory of Plates and Shells. McGraw-Hill Book Co. Inc. (1959).
26 BERGER, M. S., Nonlinearity and Functional Analysis, Academic Press, New York (1977).

Received 1982 June 9

Address: Dr.-Ing. F. K. LABISCH, Ruhr-Universität, Institut für Mechanik, Postfach 102148, D-4630 Bochum 1, BRD

ZAMM 63, 621 –629 (1983)

M. Ghosh / M. L. Ghosh

Torsional Response of an Elastic Half Space to a Nonuniformly Expanding Ring Source

Es werden exakte Ausdrücke für die Verschiebung in einem homogenen isotropen elastischen Halbraum in integraler Form bestimmt, der impulsförmigen Torsionskräften ausgesetzt ist, die sich über den Rand einer sich ungleichförmig ausdehnenden Schallquelle auf einer freien Oberfläche ausbreiten. Es werden sowohl positiv als auch negativ beschleunigte Ausbreitungen der Schallquelle betrachtet. Mit Hilfe des Verfahrens von Cagniard De-Hoop wird die analytische Lösung in integraler Form bestimmt. Es werden unterschiedliche Wellenfrontflächen und ihr Existenzbereich dargestellt. Die Reaktionen der ersten Bewegung beim Eintreffen verschiedener Wellen werden durch einen Grenzwertprozeß bestimmt. Die Verschiebungen auf der freien Oberfläche werden für verschiedene Positionen der Schallquelle auch numerisch berechnet und grafisch dargestellt

Exact expressions for displacement in a homogeneous isotropic elastic half-space subjected to an impulsive torsional force spreading over the rim of a nonuniformly expanding ring source on the free surface are obtained in integral form. Both accelerating and decelerating expansion of the source have been considered. The analytic solution, in integral form, is obtained by the Cagniard De-Hoop technique. Different wave front surfaces with their region of existence have been shown. The first motion responses near different wave arrivals have been determined by a limiting process. The displacements on the free surface for different positions of the source have also been evaluated numerically and have been shown by graphs.

Для перемещений в однородном изотропном упругом полупространстве под действием удераной силы кручения, распределённой за краями неравномерно распространяющегося кольцевого источника на свободной поверхности, получены точные выражения в интегральной форме. Рассмотрено ускоренное и замедленное распространение источника. Аналитическое решение в интегральной форме получено методом Каниарда Де-Хупа. Показаны различные поверхности фронта волн и области их существования. Реакции первого движения вблизи различных волн определены предельным переходом. Перемещения на свободной поверхности для различных положений источника подсчитаны численно и представлены графически.

1. Introduction

The study of the dynamic behaviour of an elastic solid under various forms of moving loads and torsional pressure has been gaining importance day by day. This is because of their importance in seismology, structural design and underground exploration.

Gakenheimer [1] in one of his papers presented in details the problem of a load emanating from a point on the surface and then expanding radially at a constant rate. He considered the cases when the loads are disk-shaped or ring-shaped and the expanding rates are super-seismic, transeismic and sub-seismic. Almost at the same time Ghosh [2] also considered the problem of propagation of a stress discontinuity over an expanding circular region with a constant velocity which is less than the shear wave velocity of the medium. Freund [3] considered the non uniformly moving line load as well as point load. Stronge [4] discussed the problem of an accelerating line load in an acoustic half space. The non uniform pressure distribution problem applied to an elastic half space over a circular zone are discussed by Brock [5] and by Roy [6]. Almost a same type of problem has been considered by Aggarwal and Ablow [7]. There it was assumed that circularly symmetric load spreads out from a point on an acoustic half-space with decelerating speed. Ghosh [8] determined exactly the displacement produced by SH-type of waves when a torsional force is prescribed over a circular region on the free surface of a homogeneous isotropic medium and that in the integral form in case of a non homogeneous medium.

In the present paper, the displacement at any point (r, z) in the semi-infinite medium is determined in the integral form by prescribing a time dependent torsional force over the rim of a circular zone. The ring is assumed to expand in an arbitrary manner with time. It is found that the displacement field contains besides the usual SH-waves, contribution from conical waves which arise due to the motion of the source. The region of conical waves which depend on the nature of the motion of the source and the initial speed of expansion of the source are investigated in details. Different wave front surfaces are located and first motion responses near different wave arrivals have been obtained.

Finally numerical evaluation of the displacement on the free surface has been made for a decelerating ring source whose radius at time t is of the form $h(t) = At^{1/2}$. Displacements at points on the free surface for different position of the source have been shown by means of graphs.

2. Formulation of the Problem

Consider a homogeneous isotropic elastic half space on the free surface of which a ring source producing SH-type of waves is expanding with non-uniform velocity. (r, θ, z) are the cylindrical polar co-ordinates, z-axis being directed into the medium and the plane boundary being $z = 0$. The origin of co-ordinates is at the centre of the ring $r = h(t)$, $z = 0$. The ring is assumed to expand with uniform acceleration or with deceleration and an impulsive torque applied to the ring is prescribed.

The displacement is determined in the integral form at any point inside and on the free surface of the medium, subject to the condition that the half-space is initially at rest and that the displacements remain bounded for large values of z. For torsional motion of the ring all quantities depend on r, z and the time t. We assume that $h(t)$ is non negative and monotone increasing function. The only non-zero component of the displacement vector is the component v along the direction of θ increasing. The relevant non vanishing stress components are

$$\tau_{r\theta} = \mu \left(\frac{\partial v}{\partial r} - \frac{v}{r} \right) \quad \text{and} \quad \tau_{\theta z} = \mu \frac{\partial v}{\partial z}, \tag{1 a, b}$$

where μ is the Lamé's constant. The nonzero equation of the displacement field is

$$\frac{\partial^2 v}{\partial r^2} + \frac{1}{r}\left(\frac{\partial v}{\partial r} - \frac{v}{r} \right) + \frac{\partial^2 v}{\partial z^2} = \frac{1}{\beta^2} \frac{\partial^2 v}{\partial t^2} \tag{2}$$

where β is the shear wave velocity. The boundary condition of the motion is

$$\tau_{\theta z} = -P\delta[h(t) - r]\, H(t), \qquad z = 0 \tag{3}$$

where P is a constant, $\delta(\ )$ is Dirac's delta function, $H(\ )$ is the Heaviside step function and $h(t)$ is the radius of the ring at time t. Initial conditions of motion are given by

$$h(t) = 0, \qquad t = 0 \quad \text{and} \quad \dot{h}(t) > 0, \qquad t > 0 \tag{4}$$

where dot denotes the time derivative.

3. Method of solution

We define Laplace transform $f_1(r, z, p)$ of the function $f(r, z, t)$ by

$$f_1(r, z, p) = \int_0^\infty \exp(-pt) f(r, z, t)\, dt \tag{5}$$

where p is real and positive and Hankel transform $f_2(\xi, z, p)$ of $f_1(r, z, p)$ by

$$f_2(\xi, z, p) = \int_0^\infty r J_1(\xi r) f_1(r, z, p)\, dr \tag{6}$$

where J_n is the Bessel function of the first kind of order n.

Applying Laplace and Hankel transforms, to the equation (2) successively we obtain

$$\frac{d^2 v_2}{dz^2} - k^2 v_2 = 0 \tag{7}$$

where $k^2 = \xi^2 + (p^2/\beta^2)$.

The solution of the equation (7) which remains bounded as $z \to +\infty$ is

$$v_2 = K \exp(-kz). \tag{8}$$

The value of the constant K is determined, by using the condition (4), the equation (8) and the Hankel transform of the Laplace transform of the equation (3). It is found to be

$$K = \frac{P}{\mu} \int_0^\infty \frac{1}{k} h(\tau)\, J_1(\xi h(\tau)) \exp(-p\tau)\, d\tau. \tag{9}$$

Substituting the value of K in (8) and then taking Hankel's inversion one gets

$$v_1 = \frac{P}{\mu} \int_0^\infty h(\tau) \exp(-p\tau) \int_0^\infty \frac{\xi}{k} J_1(\xi r)\, J_1(\xi h(\tau)) \exp(-kz)\, d\xi\, d\tau. \tag{10}$$

4. Laplace Inversion

In this section the Laplace inverse transform is evaluated by Cagniard's technique.

We make use of the following results

$$J_1(\xi h(\tau))\, J_1(\xi r) = \frac{1}{2\pi} \int_{-\pi}^{\pi} J_0(\xi S) \cos\varphi\, d\varphi, \qquad J_0(\xi S) = \frac{1}{2\pi} \int_0^{2\pi} \exp(i\xi S \cos u)\, du$$

where

$$S = (r^2 + h^2(\tau) - 2rh(\tau)\cos\varphi)^{1/2},$$

to obtain the equation (10) as

$$v_1 = \frac{P}{4\pi^2\mu} \int_0^\infty h(\tau) \exp(-p\tau) \int_{-\pi}^{\pi} I \cos\varphi \, d\varphi \, d\tau, \tag{11}$$

where

$$I = \int_0^\infty \int_0^{2\pi} \frac{\xi}{k} \exp(i\xi S \cos(\psi - u) - kz) \, d\xi \, du \tag{12}$$

and ψ is any constant angle.

In (12), we put

$$\alpha' = \xi \cos u, \qquad \beta' = \xi \sin u,$$

then substitute $\alpha' = w\cos\psi - q\sin\psi$ and $\beta' = w\sin\psi + q\cos\psi$ and finally replace w by wp and q by qp to obtain (12) in the form

$$I = p \int_{-\infty}^{\infty} \int_{-\infty}^{\infty} \frac{\exp[-p\{-iwS + (w^2 + q^2 + 1/\beta^2)^{1/2} z\}]}{(w^2 + q^2 + 1/\beta^2)^{1/2}} \, dw \, dq. \tag{13}$$

Equation (13) is the well known form for determining the Laplace inversion of a function by applying Cagniard's technique as modified by De-Hoop. Substituting $t = -iwS + z(w^2 + q^2 + 1/\beta^2)^{1/2}$ in (13) where t is real and positive, the Laplace inversion of (13) is found to be equal to

$$G(t) = 4 \frac{d}{dt} \left\{ H[t - \varrho/\beta] \int_0^{(t^2/\varrho^2 - 1/\beta^2)^{1/2}} Rl \left[\frac{1}{(w_+^2 + q^2 + 1/\beta^2)^{1/2}} \frac{dw_+}{dt} \right] dq \right\} \tag{14}$$

where $\varrho^2 = z^2 + S^2$ and

$$w_+ = \frac{iSt + z\{t^2 - \varrho^2(q^2 + 1/\beta^2)\}^{1/2}}{\varrho^2}.$$

Applying the convolution theorem on (11), the Laplace inversion of v_1 is obtained in the form

$$v = \frac{P}{4\pi^2\mu} \int_0^\infty h(\tau) \, d\tau \int_{-\pi}^{\pi} \cos\varphi \, d\varphi \int_0^t \delta(u - \tau) \, G(t - u) \, du,$$

which when simplified takes the form

$$v = \frac{P}{\pi\mu} \int_0^t h(\tau) \, d\tau \int_0^\pi \frac{\cos\varphi}{\varrho} \, \delta(t - \tau - \varrho/\beta) \, d\varphi. \tag{15}$$

Integrating over φ, we obtain

$$v = \frac{P\beta}{\pi r\mu} \int_0^t \left\{ H\left[t - \tau - \frac{\sqrt{z^2 + (r - h(\tau))^2}}{\beta}\right] - H\left[t - \tau - \frac{\sqrt{z^2 + (r + h(\tau))^2}}{\beta}\right] \right\} Q(\tau) \, d\tau \tag{16}$$

where

$$Q(\tau) = \frac{z^2 + r^2 + h^2(\tau) - \beta^2(t - \tau)^2}{[\{z^2 + (r + h(\tau))^2 - \beta^2(t - \tau)^2\} \{\beta^2(t - \tau)^2 - z^2 - (r - h(\tau))^2\}]^{1/2}}.$$

To facilitate our discussion, equation (16) is written in an alternative form,

$$\begin{aligned} v = \frac{P\beta}{\pi r\mu} \int_0^{t - z/\beta} \{ & H[r - h(\tau) + \sqrt{\beta^2(t - \tau)^2 - z^2}] \, H[h(\tau) - \sqrt{\beta^2(t - \tau)^2 - z^2}] + \\ & + H[r + h(\tau) - \sqrt{\beta^2(t - \tau)^2 - z^2}] \, H[-h(\tau) + \sqrt{\beta^2(t - \tau)^2 - z^2}] - \\ & - H[r - h(\tau) - \sqrt{\beta^2(t - \tau)^2 - z^2}]\} \, Q(\tau) \, d\tau. \end{aligned} \tag{17}$$

The region of support for τ-integration is bounded by the curves:

$$\text{I:} \quad r = h(\tau) + \sqrt{\beta^2(t - \tau)^2 - z^2}; \qquad 0 < \tau < t - z/\beta, \tag{18}$$

$$\text{II:} \quad r = h(\tau) - \sqrt{\beta^2(t - \tau)^2 - z^2}; \qquad \tau_0 < \tau < t - z/\beta, \tag{19}$$

$$\text{III:} \quad r = -h(\tau) + \sqrt{\beta^2(t - \tau)^2 - z^2}; \qquad 0 < \tau < \tau_0. \tag{20}$$

The region of τ integration for $Q(\tau)$ bounded by the curves I, II and III are shown in the figs. 1(a–f) and the following remarks can be made about them. It is to be noted that the curves II and III are monotone increasing and decreasing in their respective region of existence viz. $(\tau_0, t - z/\beta)$ and $(0, \tau_0)$ where

$$h(\tau_0) = \{\beta^2(t - \tau_0)^2 - z^2\}^{1/2} .$$

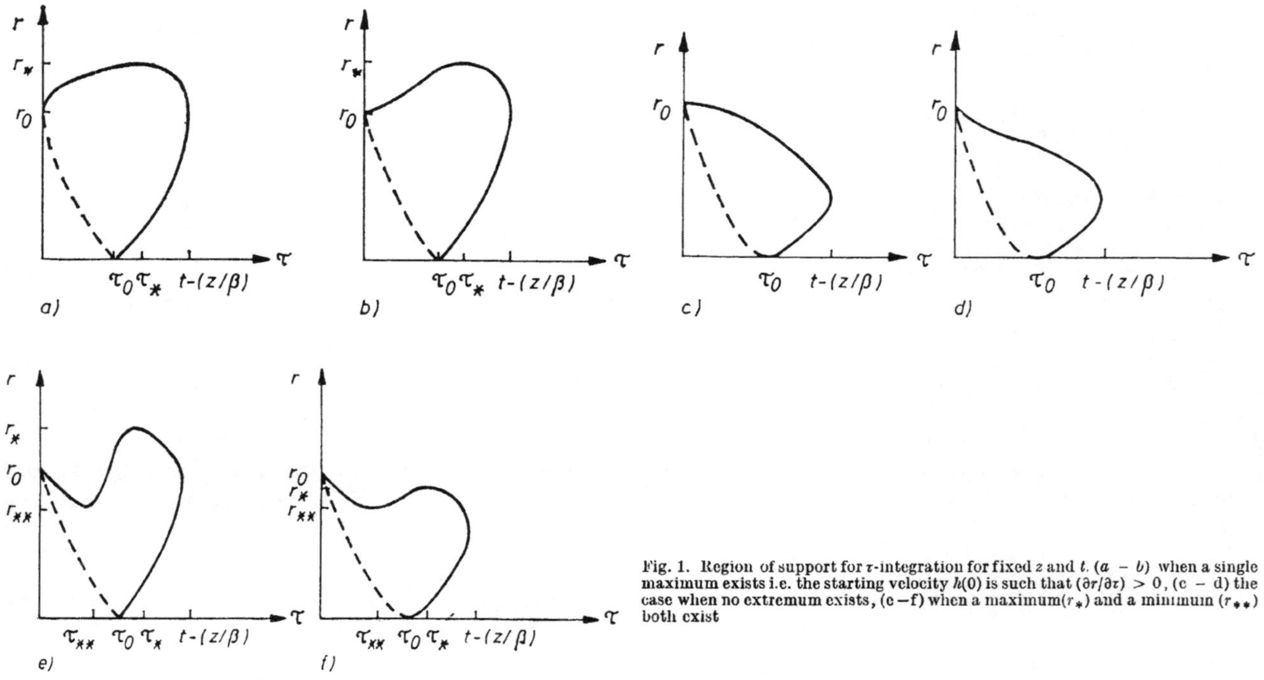

Fig. 1. Region of support for τ-integration for fixed z and t. (a – b) when a single maximum exists i.e. the starting velocity $\dot{h}(0)$ is such that $(\partial r/\partial \tau) > 0$, (c – d) the case when no extremum exists, (e–f) when a maximum(r_*) and a minimum (r_{**}) both exist

The curve I has an extremum where

$$\frac{\partial r}{\partial \tau} = \dot{h}(\tau) - \frac{\beta^2(t - \tau)}{\{\beta^2(t - \tau)^2 - z^2\}^{1/2}} \tag{21}$$

vanishes and

$$\frac{\partial^2 r}{\partial \tau^2} = \ddot{h}(\tau) - \frac{\beta^2 z^2}{\{\beta^2(t - \tau)^2 - z^2\}^{3/2}} \tag{22}$$

does not vanish.

We consider the different cases that arise due to non uniform increase of the ring source. Let the source increase with uniform acceleration $\ddot{h}(\tau) > 0$. In this case, if the initial velocity $\dot{h}(0)$ of the source be such that $\left(\frac{\partial r}{\partial \tau}\right)_0 > 0$, then since $\left(\frac{\partial r}{\partial \tau}\right)_0 > 0$ and $\left(\frac{\partial r}{\partial \tau}\right)_{t-z/\beta} < 0$, the curve I has only one maximum at $r = r_*$ because $\frac{\partial^2 r}{\partial \tau^2}$ either changes sign once from positive to negative or remains negative throughout in $(0, t - z/\beta)$. The corresponding cases are shown in Fig. 1 (a – b). Next let the initial velocity $\dot{h}(0)$ of the source be such that $\left(\frac{\partial r}{\partial \tau}\right)_0 < 0$. In this case, if $\left(\frac{\partial^2 r}{\partial \tau^2}\right)_0 < 0$, $\left(\frac{\partial^2 r}{\partial \tau^2}\right)$ will be negative throughout the interval $(0, t - z/\beta)$; the curve I then corresponds to Fig. 1 (c), since both $\left(\frac{\partial r}{\partial \tau}\right)_0$ and $\left(\frac{\partial r}{\partial \tau}\right)_{t-z/\beta}$ are negative. But if $\left(\frac{\partial^2 r}{\partial \tau^2}\right)_0$ be positive, then $\frac{\partial^2 r}{\partial \tau^2}$ changes sign once from positive to negative in the interval $(0, t - z/\beta)$. Hence in this case the curve I has either no extremum which corresponds to Fig. 1 (d) or there is a maximum preceded by a minimum which is shown in Fig. 1 (e, f). Finally, in case of decelerating motion of the source i.e. when $\ddot{h}(\tau)$ (not necessarily a constant) < 0, throughout the interval, the curve has either only one maximum if $\left(\frac{\partial r}{\partial \tau}\right)_0 > 0$ as in Fig. 1 (a) or no extremum as in Fig. 1 (c) when $\left(\frac{\partial r}{\partial \tau}\right)_0 < 0$.

We consider the curves I and II together. Their combined equation is

$$(r - h(\tau))^2 = \beta^2(t - \tau)^2 - z^2 . \tag{23}$$

For figures 1 (c, d), τ is a single valued function of r. For the figs. 1 (a, b), τ may be a double valued function whereas for figs. 1 (e, f), τ may be triple valued function of r. Taking the equations (18) and (19) together, the values of τ are designated as $\tau = \tau_1$, $\tau = (\tau_1, \tau_2)$ and $\tau = (\tau_1, \tau_2, \tau_3)$ where $\tau_1 > \tau_2 > \tau_3$ depending on whether τ is single, double or triple valued function of r. In (20) r is a monotone decreasing function of τ, so the corresponding value of τ is designated as $\tau = \tau_4$.

With the above values of the roots of the equations (18)—(20) and from a close examination of the different figs. 1 (a—f), the displacement produced by the SH-type of waves is given by $v = v^1 + v^2 + v^3$, where

$$\left.\begin{aligned} v^1 &= BH(r_0 - r)\, I\big(Q(\tau); \tau_4, \tau_1\big)\,, \\ v^2 &= B[H(r - r_0) - G(r - \max(r_*, r_0))]\, I\big(Q(\tau); \tau_2, \tau_1\big)\,, \\ v^3 &= B[G(r - \min(r_*, r_0)) - G(r - \min(r_{**}, r_0))]\, I\big(Q(\tau); \tau_3, \tau_2\big) \end{aligned}\right\} \tag{24}$$

and

$$G\big(r - \max(r_*, r_0)\big) = \begin{cases} H(r - r_*) & \text{if} \quad r_* = \max(r_*, r_0) \\ H(r - r_0) & \text{if} \quad r_0 = \max(r_*, r_0) \quad \text{or } r_* \text{ does not exist}\,. \end{cases}$$

$$G\big(r - \min(r_*, r_0)\big) = \begin{cases} H(r - r_*) & \text{if} \quad r_* = \min(r_*, r_0) \\ H(r - r_0) & \text{if} \quad r_0 = \min(r_*, r_0) \quad \text{or } r_* \text{ does not exist}\,. \end{cases}$$

Similar meaning is attached to the symbol

$G(r - \min(r_{**}, r_0))$. B has been written for $\dfrac{P\beta}{\pi r\mu}$. $r_0 = \sqrt{\beta^2 t^2 - z^2}$ is the value of r at $\tau = 0$ and

$$I(F(\tau); a, b) = \int_a^b F(\tau)\, d\tau\,.$$

5. Wave Front Analysis

In this section we locate and analyse the nature of the wave fronts.

It is known that wave front is a surface $\varphi(r, z, t) = 0$ which is a characteristic of the differential equation (2) and also satisfy the eikonal equation $\varphi_r^2 + \varphi_z^2 - \beta^{-2}\varphi_t^2 = 0$ [9].

The nature of the wave front changes due to non-uniform expansion of the source and also it depends on the initial velocity $\dot{h}(0)$ $(= u_0)$ of expansion of the source. We consider decelerating and accelerating expansion of the source for different initial velocities.

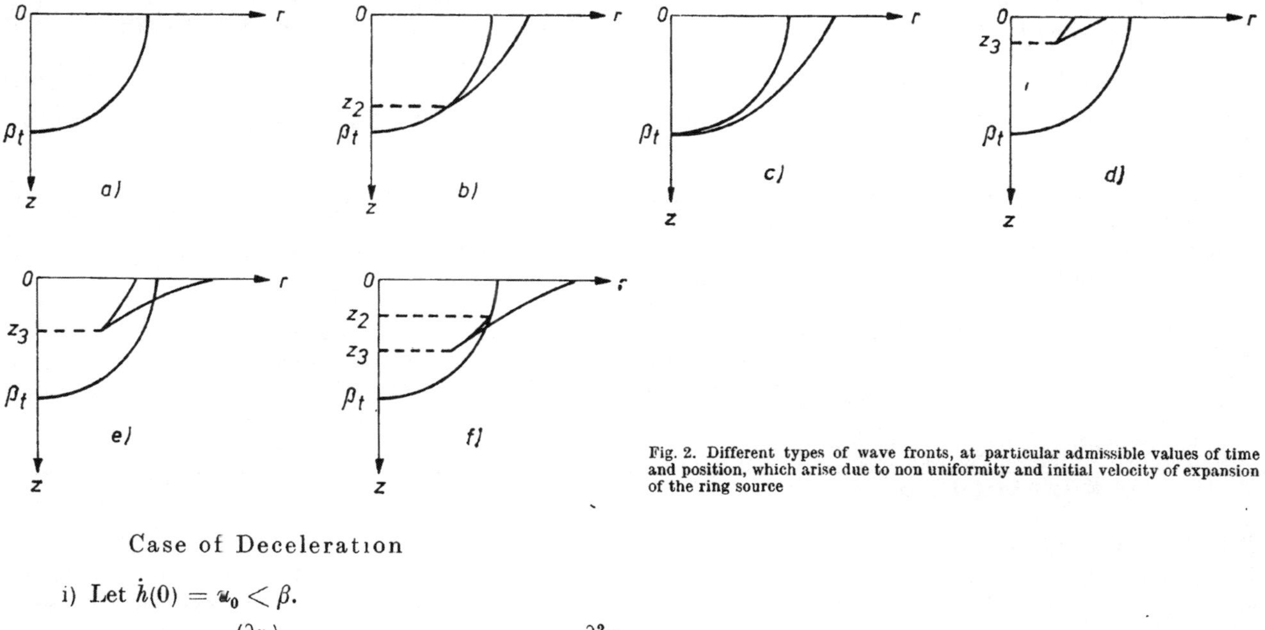

Fig. 2. Different types of wave fronts, at particular admissible values of time and position, which arise due to non uniformity and initial velocity of expansion of the ring source

Case of Deceleration

i) Let $\dot{h}(0) = u_0 < \beta$.

From (21) and (22), $\left(\dfrac{\partial r}{\partial \tau}\right)_0$ is negative for all z and $\dfrac{\partial^2 r}{\partial \tau^2}$ is also negative as $\ddot{h}(0)$ is negative. So the curve I in $(0, t - z/\beta)$ is such that r decreases with the increase of τ. This corresponds to the region of integration as depicted in fig. 1 (d) and consequently the wave front is of the form as shown in fig. 2 (a).

ii) u_0 $(> \beta)$ is finite.

It follows from (21), $\left(\dfrac{\partial r}{\partial \tau}\right)_0$ is positive for $0 < z < z_2$ and negative for $z > z_2$ where z_2 is obtained from $z_2 = \beta t(1 - \beta^2/u_0^2)^{1/2}$, therefore the region of integrations for $0 < z < z_2$ and for $z > z_2$ correspond to the regions shown in the figs. 1 (a) and 1 (c) respectively and consequently the wave front is given by the fig. 2 (b).

iii) u_0 is infinitely large.

From (21) and (22), it follows that $\left(\frac{\partial r}{\partial \tau}\right)_0$ is positive for all z and $\left(\frac{\partial^2 r}{\partial \tau^2}\right)$ is negative for all z and for all τ. Hence the region of integration is fig. 1 (a) and the corresponding wave front is as shown in fig. 2 (c).

Case of Acceleration

i) We assume that the ring source expands with uniform acceleration f and starts with the velocity u_0 $(= \dot{h}(0))$. First let $u_0 < \beta$; then $(\partial r/\partial \tau)_0$ is negative for all z and $(\partial^2 r/\partial \tau^2)_0$ is positive for $0 < z < z_1$ and negative for $z > z_1$, where z_1 is to be determined from the condition $(\partial^2 r/\partial \tau^2)_0 = 0$. For $z > z_1$, $(\partial^2 r/\partial \tau^2)$ is negative for τ in $(0, t - z/\beta)$. Consequently the region of integration is the fig. 1 (c). On the other hand if z lies in $(0, z_1)$ then $(\partial^2 r/\partial \tau^2)$ is first positive and then negative as τ increases in $(0, t - z/\beta)$, so in this case the region of integration is either fig. 1 (d) or fig. 1 (e or f).

By using (22), z_1 is determined from the equation

$$f = \beta^2 z_1^2/(\beta^2 t^2 - z_1^2)^{3/2} . \tag{25}$$

It is to be noted that $z_1 = 0$ when $f = 0$ and z_1 is a monotone increasing function of f. Further, in $(0, z_1)$, $(\partial r/\partial \tau)$ may have two zeroes or there is no zero in the region $0 < \tau < t - z/\beta$, depending on the value of z. The condition that $(\partial r/\partial \tau)$ may have two zeroes is $0 < z < z_3$, where

$$z_3 = \begin{cases} \beta\left(\frac{u_0 + ft}{f}\right)\left\{1 - \frac{\beta^{2/3}}{(u_0 + ft)^{2/3}}\right\}^{3/2} & \text{for} \quad u_0 + ft > \beta \\ 0 & \text{for} \quad u_0 + ft \leqq \beta . \end{cases}$$

It can be shown further that $z_3 < z_1$. Hence for $0 < z < z_3$ the region of integration is fig. 1 (e or f) and for $z_3 < z < z_1$, the region of integration is fig. 1 (d). Therefore for accelerating source with initial velocity $u_0 < \beta$, the wave front is of the form as shown in fig. 2 (a) if the observation time be such that $(u_0 + ft) \leqq \beta$ and for $(u_0 + ft) > \beta$ the wave front is like the figures as in 2 (d) or 2 (e) according as the position of the source at the observation time is inside or outside the characteristic surface $r^2 + z^2 = \beta^2 t^2$.

ii) Next let $u_0 > \beta$; from (21) we have $(\partial r/\partial \tau)_0$ is positive for $0 < z < z_2$ and is negative for $z > z_2$ where z_2 is given by

$$z_2 = \beta t(1 - \beta^2/u_0^2)^{1/2} . \tag{26}$$

Also $(\partial^2 r/\partial \tau^2)_0$ is positive for $0 < z < z_1$ and is negative for $z > z_1$, where z_1 is given by (25). So for $0 < z < z_1$, $(\partial^2 r/\partial \tau^2)$ is first positive and then negative in $0 \leqq \tau < (t - z/\beta)$. We consider the case for $z_1 < z_2$ first. In this case

$$\beta^2 z_1^2/(\beta^2 t^2 - z_1^2)^{3/2} < \beta^2 z_2^2/(\beta^2 t^2 - z_2^2)^{3/2} ,$$

since $\beta^2 z^2/(\beta^2 t^2 - z^2)^{3/2}$ is a monotone increasing function of z. Using (25) and (26), we obtain

$$\beta^2(u_0 + ft)/u_0^3 < 1 . \tag{27}$$

Under the condition obtained in (27), the region of integration is like that of the fig. 1 (b) in the range $0 < z < z_1$ and for $z_1 < z < z_2$, the region of integration is of the type as shown in fig. 1 (a). For $z_2 < z < \beta t$, the region of integration is shown in fig. 1 (c). Therefore for $u_0 > \beta$ and for the relation given in (27), it follows that the nature of the wave front is of the type as shown in fig. 2 (b).

Finally, we study the case when $z_1 > z_2$ i.e. when $\beta^2(u_0 + ft)/u_0^3 > 1$.

Here for $0 < z < z_2$ the region of integration is as in fig. 1 (b). Since z_3 is always less than z_1, so for $z_2 < z < z_3$ the region of integration is like fig. 1 (e or f) and for $z_3 < z < z_1$ the region of integration is like that as shown in fig. 1 (d). Fig. 1 (c) represents the region of integration for $z_1 < z < \beta t$. Accordingly the wave front takes the shape of the fig. 2 (f).

6. First Motion Responses

The expression for the displacement as given in (24) is in the form of integrals over finite ranges. As such, computation of displacement for a given model can be done with the high power computer. However some idea about the nature of displacement at the time of the first arrival of wave fronts can be obtained by a limiting process following STRONGE [4].

The displacement field just after arrival time of the characteristic surface $r = r_*$ is from (24),

$$v = BI(Q(\tau); \tau_2, \tau_1) \tag{28}$$

whereas just before the arrival time the displacement is given by $v = 0$.

To evaluate (28) near $r = r_*$, we put $r = r_* - \Delta r$ and $\tau = \tau_* + \theta$ in equations (18) and (19). Using Taylor's expansion in the neighbourhood of (τ_*, r_*) and by help of equations (21) and (22) we find the limits of integration of equation (28) in the new variable θ as

$$\theta_{1,2} = \pm \frac{\sqrt{2\Delta r}\ \{\beta^2(t - \tau_*)^2 - z^2\}^{3/4}}{[\beta^2 z^2 - \ddot{h}(\tau_*)\ \{\beta^2(t - \tau_*)^2 - z^2\}^{3/2}]^{1/2}} . \tag{29}$$

The same procedure is followed to determine in the neighbourhood of (τ_*, r_*), the value of Q which is found to be

$$Q(\tau_* + \theta) = \frac{[r_* h(\tau_*) \{\beta^2(t-\tau_*)^2 - z^2\}]^{1/2}}{[\theta^2\{\ddot{h}(\tau_*)(\beta^2(t-\tau_*)^2 - z^2)^{3/2} - \beta^2 z^2\} + 2\Delta r\{\beta^2(t-\tau_*)^2 - z^2\}^{3/2}]^{1/2}} \tag{30}$$

where the lowest terms in θ and Δr are retained. The value of the integral (28) after substituting the value of Q from (30) and the limits of integration for the new variable θ as obtained in (29) is found to be

$$\frac{P\beta}{r\mu}\left[\frac{r_* h(\tau_*) \{\beta^2(t-\tau_*)^2 - z^2\}}{\beta^2 z^2 - \ddot{h}(\tau_*)\{\beta^2(t-\tau_*)^2 - z^2\}^{3/2}}\right]^{1/2},$$

which is the displacement at the first arrival of the wave front given by $r = r_*$.

To find the displacement at the first arrival of the wave front given by $r = r_{**}$, we define $Q(\tau)$ in the neighbourhood of (τ_{**}, r_{**}) and outside the region of integration by

$$Q(\tau) = \frac{z^2 + r^2 + h^2(\tau) - \beta^2(t-\tau)^2}{\{z^2 + (r + h(\tau))^2 - \beta^2(t-\tau)^2\}^{1/2}\,|\{\beta^2(t-\tau)^2 - z^2 - (r - h(\tau))^2\}^{1/2}|} \tag{31}$$

and put $r = r_{**} + \Delta r$ and $\tau = \tau_{**} + \theta$. Following the same procedure as done in case of $r = r_*$, the displacement at the first arrival of the wave surface $r = r_{**}$ is found to be

$$\frac{P\beta}{r\mu}\left[\frac{r_{**} h(\tau_{**}) \{\beta^2(t-\tau_{**})^2 - z^2\}}{\ddot{h}(\tau_{**})\{\beta^2(t-\tau_{**})^2 - z^2\}^{3/2} - \beta^2 z^2}\right]^{1/2}.$$

The displacement at a point due to the first arrival of the wave fronts $r = r_*$ and $r = r_{**}$ simultaneously, is also determined. At this point wave fronts $r = r_*$ and $r = r_{**}$ from a cusp (cf. fig. 2 (d, e, f). In this case this is to be noted that at the cusp $r = r_* = r_{**} = \bar{r}$ (say) and $(\partial r/\partial\tau) = (\partial^2 r/\partial\tau^2) = 0$ where as $(\partial^3 r/\partial\tau^3)) \neq 0$. Hence it follows from equation (24) that the displacement due to first arrival of this wave front at $r = \bar{r}$ is

$$\frac{P\beta}{\pi r\mu}[I(Q(\tau); \bar{\tau}, \tau_1) + I(Q(\tau); \tau_2, \bar{\tau})] \tag{32}$$

where $\bar{\tau} = \tau_* = \tau_{**}$ and τ_1, τ_2 are the two values of τ close to $\bar{\tau}$ and correspond to the points lying on either side of $(\bar{\tau}, \bar{r})$ on the curve and I and II together.

To evaluate the integrals in (32), $\tau = \bar{\tau} + \theta$ and $r = \bar{r} - \Delta r$ are put in the first integral where as $\tau = \bar{\tau} - \theta$ and $r = \bar{r} + \Delta r$ are put into the second integral of (32). Also this is to be remembered that outside the region of integration in the neighbourhood of $(\bar{\tau}, \bar{r})$, $Q(\tau)$ is defined as in (31).

After the above mentioned substitution in (28) and retaining the lowest order term of θ and Δr, one gets the displacement due to first arrival at $r = \bar{r}$ as

$$\frac{2P\beta}{\pi\bar{r}\mu}\left[\frac{3\bar{r}h(\bar{\tau})\{\beta^2(t-\bar{\tau})^2 - z^2\}^2}{3\beta^4 z^2(t-\bar{\tau}) - \dddot{h}(\bar{\tau})\{\beta^2(t-\bar{\tau})^2 - z^2\}^{5/2}}\right]^{1/2}\int_0^a \frac{d\theta}{\sqrt{(a^3 - \theta^3)}} \tag{33}$$

where

$$a^3 = \frac{6\Delta r(\bar{r} - h(\bar{\tau}))^5}{3\beta^4 z^2(t-\bar{\tau}) - \dddot{h}(\bar{\tau})(\bar{r} - h(\bar{\tau}))^5}.$$

By substituting

$$\theta^3 = a^3 \sin^2\alpha\,,$$

the integral in (33) is evaluated. The displacement due to first arrival of the wave front $r = \bar{r}$ is found to be

$$\frac{2^{5/6}P\beta}{3^{2/3}\pi\bar{r}\mu(\Delta r)^{1/6}}\;\frac{\bar{r}^{1/2}h^{1/2}(\bar{\tau})\{\beta^2(t-\bar{\tau})^2 - z^2\}^{7/12}}{[3\beta^4 z^2(t-\bar{\tau}) - \dddot{h}(\bar{\tau})\{\beta^2(t-\bar{\tau})^2 - z^2\}^{5/2}]^{1/3}}\,B\left(\frac{1}{3}, \frac{1}{2}\right)$$

where $B(m, n)$ is the Beta function.

It is interesting to note that in this case the displacement due to first arrival at this point is infinitely large due to the presence of the factor $(\Delta r)^{1/6}$ in the denominator.

Finally we consider the characteristic surface $r^2 + z^2 = \beta^2 t^2$ which corresponds to a disturbance initiated at the origin when the torque is first applied at $\tau = 0$. This disturbance spreads out from the origin with a velocity equal to β. To find the displacement due to the first arrival of this surface, following AGGARWAL and ABLOW [7] let us consider the curve

$$\Gamma:\quad r = \{\beta^2(t-\tau)^2 - z^2\}^{1/2} \tag{34}$$

and the lines

$$l_1:\quad r = \sqrt{(\beta^2 t^2 - z^2)} - \varepsilon_2; \qquad l_2:\quad r = \sqrt{(\beta^2 t^2 - z^2)} + \varepsilon_1 \qquad (35), (36)$$

where ε_1 and ε_2 are very small positive quantities. Then to the first order of ε_1 and ε_2,

$$(l_1 \times \Gamma) \equiv \frac{\varepsilon_2 \sqrt{\beta^2 t^2 - z^2}}{\beta^2 t} = \tau'(\text{say}),$$

$$(l_1 \times \text{III}) \equiv \frac{\varepsilon_2 \sqrt{\beta^2 t^2 - z^2}}{\dot{h}(0)\sqrt{(\beta^2 t^2 - z^2)} + \beta^2 t} = \tau_4(\text{say}),$$

$$(l_2 \times \text{I}) \equiv \frac{\varepsilon_1 \sqrt{\beta^2 t^2 - z^2}}{\dot{h}(0)\sqrt{(\beta^2 t^2 - z^2)} - \beta^2 t} = \tau_2(\text{say});$$

ε_1, ε_2 are such that $\tau_2 < \tau'$ and tends to zero as $t \to \varrho_0/\beta$, where $\varrho_0 = \sqrt{(r^2 + z^2)}$. Then it follows immediately that

$$I\big(Q(\tau); \tau_4, \tau'\big) \to 0 \quad \text{and} \quad I\big(Q(\tau); \tau_2, \tau'\big) \to 0 \quad \text{as} \quad t \to \varrho_0/\beta .$$

Also $I\big(Q(\tau); \tau', \tau_1'\big) - I\big(Q(\tau); \tau', \tau_1\big) \to 0$ as $t \to \varrho_0/\beta$, where $\tau_1' \equiv (l_1 \times I)$ and $\tau_1 \equiv (l_2 \times I)$ are the values of τ which correspond to the points on the right of τ'. From this it follows that the displacement is continuous across the characteristic surface $\varrho_0 = \beta t$, showing that the displacement due to the first arrival of the characteristic surface $r^2 + z^2 = \beta^2 t^2$ is zero.

7. Surface Displacement

In this section surface displacement has been determined numerically for a particular type of nonuniformly moving surface. We consider a decelerating ring source whose radius $h(\tau)$ at any time τ is assumed to be $h(\tau) = A\tau^{1/2}$. The displacement at any point $(r, 0)$ at the time of observation t is determined.

According to the position of the source the following three possible cases are considered.

i) Radius $h(\tau)$ of the ring coinciding with the rim of the conical wave front and moving with it so that $\beta t < h(t)$.

ii) $\beta t < h(t) < r_*$.

iii) $h(t) < \beta t$.

To determine the displacement on the free surface, we put $z = 0$ in the function $Q(\tau)$ of equation (24) and the variable of integration τ is changed to T, by substituting $T = \tau/t$. $Q(\tau)$ is then obtained in the form

$$Q(Tt) = R(T) = \frac{\dfrac{r^2}{\beta^2 t^2} + \dfrac{A^2}{\beta^2 t} T - (1 - T)^2}{\left[\left\{\left(\dfrac{r}{\beta t} + \dfrac{A}{\beta}\sqrt{\dfrac{T}{t}}\right)^2 - (1 - T)^2\right\}\left\{(1 - T)^2 - \left(\dfrac{r}{\beta t} - \dfrac{A}{\beta}\sqrt{\dfrac{T}{t}}\right)^2\right\}\right]^{1/2}}$$

on a close examination of the regions of integration as shown in Fig. 1, the displacement v, in case of (i) is given by

$$\frac{\mu v}{P} = \frac{\beta t}{\pi r} I\big(R(T); T_1, T_2\big) \quad \text{for} \quad 0 < r < \beta t,$$

$$\frac{\mu v}{P} = \frac{\beta t}{\pi r} I\big(R(T); T_1, T_2\big) \quad \text{for} \quad \beta t < r < h(t).$$

The displacement in case of (ii) is given by

$$\frac{\mu v}{P} = \frac{\beta t}{\pi r} I\big(R(T); T_1, T_2\big) \quad \text{for} \quad r < \beta t,$$

$$\frac{\mu v}{P} = \frac{\beta t}{\pi r} I\big(R(T); T_1, T_2\big) \quad \text{for} \quad \beta t < r < h(t),$$

$$\frac{\mu v}{P} = \frac{\beta t}{\pi r} I\big(R(T); T_1, T_3\big) \quad \text{for} \quad h(t) < r < r_*$$

and the displacement in case (iii) is

$$\frac{\mu}{P} v = \frac{\beta t}{\pi r} I\big(R(T); T_1, T_2\big) \quad \text{for} \quad 0 < r < h(t),$$

$$\frac{\mu}{P} v = \frac{\beta t}{\pi r} I\big(R(T); T_1, T_3\big) \quad \text{for} \quad h(t) < r < \beta t,$$

$$\frac{\mu}{P} v = \frac{\beta t}{\pi r} I\big(R(T); T_1, T_3\big) \quad \text{for} \quad \beta t < r < r_*$$

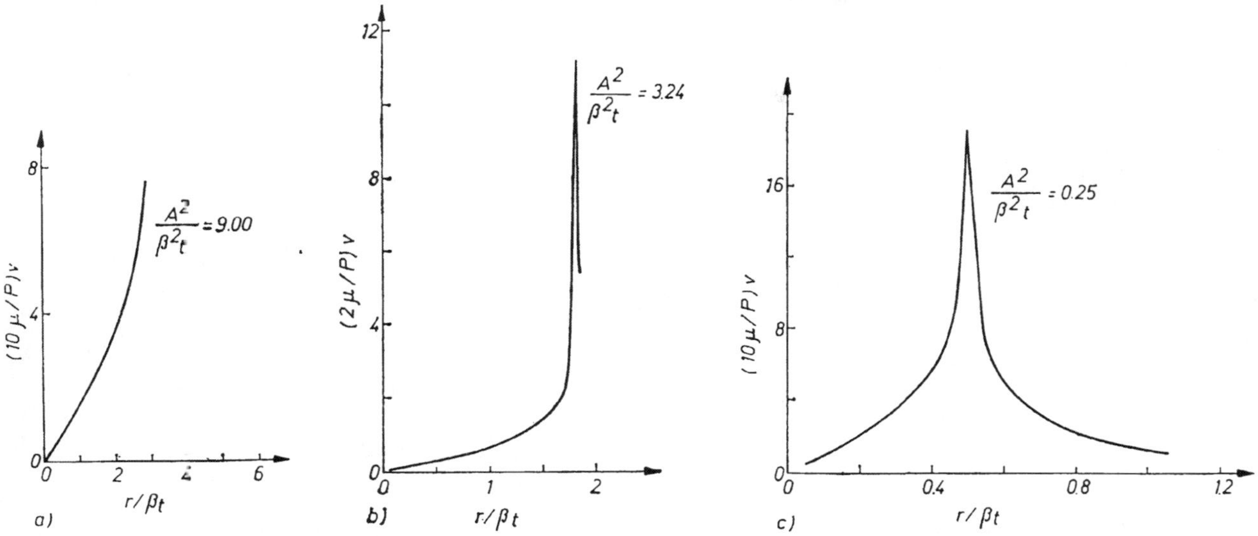

Fig. 3. Graphs showing $(\mu/P)\,v$ versus $(r/\beta t)$ when $z = 0$. (a), (b), (c) correspond to the cases (i), (ii) and (iii) respectively

where

$$T_1 = 1 - \frac{r}{\beta t} + \frac{1}{2}\frac{A^2}{\beta^2 t} - \frac{1}{2}\frac{A}{\beta\sqrt{t}}\sqrt{\frac{A^2}{\beta^2 t} + 4\left(1 - \frac{r}{\beta t}\right)},$$

$$T_2 = 1 + \frac{r}{\beta t} + \frac{1}{2}\frac{A^2}{\beta^2 t} - \frac{1}{2}\frac{A}{\beta\sqrt{t}}\sqrt{\frac{A^2}{\beta^2 t} + 4\left(1 + \frac{r}{\beta t}\right)},$$

$$T_3 = 1 - \frac{r}{\beta t} + \frac{1}{2}\frac{A^2}{\beta^2 t} + \frac{1}{2}\frac{A}{\beta\sqrt{t}}\sqrt{\frac{A^2}{\beta^2 t} + 4\left(1 - \frac{r}{\beta t}\right)}.$$

All the above integrals are numerically evaluated and the graphs are plotted by specifying admissible values of $(r/\beta t)$ against $(\mu/P)\,v$.

References

1 GAKENHEIMER, D. C., Response of an elastic half space to expanding surface loads, J. Appl. Mech. Vol. **38**, 99–110, (1971).
2 GHOSH, M. L., The Axisymmetric Problem of Propagation of a Normal Stress Discontinuity in a Semi-infinite Elastic Medium, Appl. Sci. Res. Vol. **24**, 149–167 (1971).
3 FREUND, L. B., The Response of an Elastic Solid to Nonuniformly Moving Surface Loads, J. Appl. Mech. Vol. **40**, 699–704 (1973).
4 STRONGE, W. J., A Load Accelerating on the Surface of an Acoustic Half Space. J. Appl. Mech. Vol. **37**, 1077–1082 (1970).
5 BROCK, L. M., Wave Propagation in an Elastic Half-Space due to Surface Pressure over a Non-uniformly Changing Circular Zone. Quart. Appl. Math. 37–49, (April, 1980).
6 ROY, A., Response of an Elastic Solid to Non-Uniformly Expanding Surface Loads, Int. J. Engng. Sci. Vol. **17**, 1023–1038 (1979).
7 AGGARWAL, H. R.; ABLOW, C. M., Disturbance from a Circularly Symmetric Load Spreading over an Acoustic Half-Space, Bull. Seis. Soc. Am. vol. **55**, 673–691, (1965).
8 GHOSH, M., Displacement Produced in an Elastic Half Space by an Impulsive Torsional Motion of a Circular Ring Source, PAGEOPH, vol. **119**, No. 1, 102–117 (1980/81).
9 CHESTER, CLIVE R., Techniques in Partial Differential Equations, Mc Graw-Hill U.S.A. 1971 page – 260.

Received 1982 April 28

Address: MUKTIMOY GHOSH, Department of Mathematics, North Bengal University, Darjeeling – 734430, India

ZAMM 63, 631 – 637 (1983)

R. KÜHNAU

Numerische Realisierung konformer Abbildungen durch „Interpolation“

Es wird mit numerischen Beispielen ein neues Verfahren zur näherungsweisen konformen Abbildung des Komplementes eines Schlitzes oder des Äußeren einer geschlossenen Jordankurve auf das Äußere des Einheitskreises vorgestellt.

We present a new procedure for the approximate conformal mapping of the complement of a slit or of the exterior of a closed Jordan curve onto the exterior of the unit circle which is illustrated by numerical examples.

Представим с помощью численных примеров новый метод для приблизительного конформного отображения дополнения разреза или внешность замкнутой жордановой кривой на внешность единичного круга.

1. Einleitung

Es gibt heute zahlreiche Verfahren zur numerischen Realisierung etwa der Riemannschen Abbildungsfunktion einfach zusammenhängender Gebiete [3], und es wird auf diesem Gebiete laufend weiter gearbeitet. Dies hat seinen Grund einmal darin, daß für zahlreiche Verfahren bis heute keine einigermaßen vollständige theoretisch-numerische Begründung gelungen ist. Weiter stellen die verschiedenen Aufgaben recht unterschiedliche Anforderungen an die numerischen Verfahren. Im folgenden soll für einfach zusammenhängende Gebiete ein neues Verfahren mit seinen Vor- und Nachteilen vorgestellt werden. Das Verfahren greift zunächst bei Schlitzgebieten, ist aber auch auf von Vollkurven berandete Gebiete auszudehnen.

Der Grundgedanke besteht im folgenden. Der Schlitz wird durch endlich viele Knotenpunkte eingeteilt, z. B. äquidistant. Alsdann wird z. B. das Anfangsstück zwischen den ersten beiden Knotenpunkten durch eine Strecke o. ä. ersetzt und das Äußere derselben auf das Äußere eines Kreises unter Festhaltung des unendlich fernen Punktes ∞ schlicht konform abgebildet. Dabei wird der Rest des Schlitzes in einen an diesen Kreis ansetzenden Schlitz abgebildet. Nun wird hiervon das nächste am Kreis beginnende Teilstück durch einen „geeigneten“ Kreisbogen ersetzt und das längs dieses Kreisbogens geschlitzte Kreisäußere abermals auf's Äußere eines Kreises abgebildet. Wiederum entsteht vom Rest des Schlitzes ein gewisses Bild, so daß mit dem nächsten Teilstück die gleiche Prozedur wiederholt werden kann, bis der Schlitz vollständig in den Kreis „hineingezogen“ worden ist. Normiert man alle Abbildungen z. B. durch $\infty \to \infty$ und die Ableitung 1 in ∞, entsteht eine abbrechende Folge von im Radius wachsenden Kreisen (nach dem Schwarzschen Lemma), an die ein Schlitz angesetzt ist, der von Schritt zu Schritt schrumpft (bildlich: ein Vorgang ähnlich den Entwicklungsstadien einer Kaulquappe). Alles läuft im Endeffekt darauf hinaus, daß das Äußere eines durch die Knotenpunkte verlaufenden „Ersatzschlitzes“ auf das Äußere eines Kreises abgebildet wird, also eine Näherung für die gesuchte Abbildung entsteht. Das Verfahren ist im Sinne der Übersicht in[3] am ehesten unter die Schmiegungsverfahren (dort Kap. IV, § 4.1) einzuordnen. Das zugrunde liegende Motiv kommt natürlich ähnlich — wenn auch in anderer Ausgestaltung oder Auffassung — auch bei anderen Näherungsverfahren der konformen Abbildung vor; vgl. insbesondere [2], S. 355ff.

Durch einen Zusatzschritt kann man auch das Äußere von Vollkurven auf das Äußere eines Kreises abbilden. Durch einfache Stürzung erfaßt man dann auch die Kreisabbildung des Inneren einer Kurve.

2. Variante A

Im folgenden soll eine erste Variante präzisiert beschrieben werden. Gegeben sei der stückweis analytische Jordankurvenbogen $\mathfrak{C}$ in der Ebene 0 (vgl. Abb. 1).

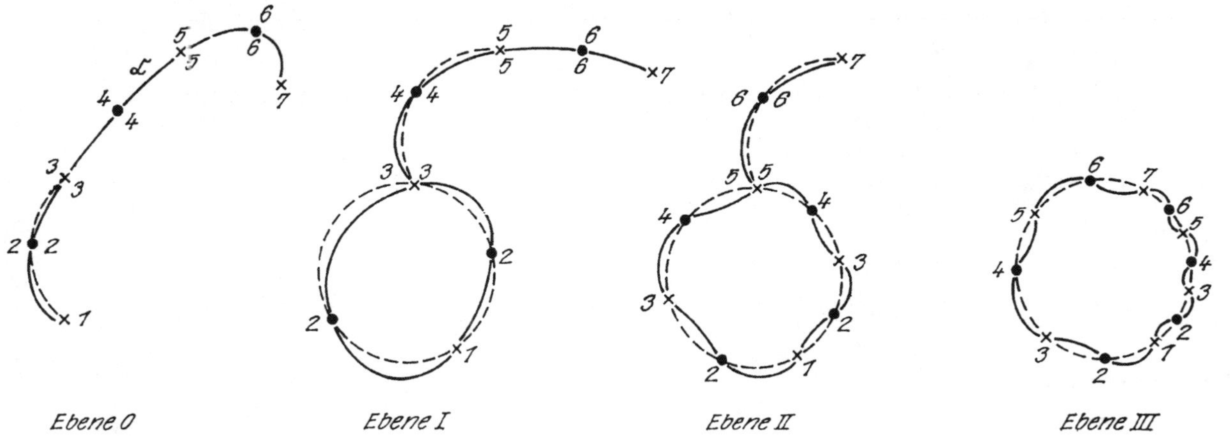

Abb. 1. (schematisch)

4. Abbildung des Äußeren von Vollkurven

Durch eine kleine Modifikation kann man die Varianten A und B auch auf die Abbildung des Äußeren von Vollkurven übertragen. Das liegt an dem folgenden Sachverhalt. Gegeben sei z. B. die geschlossene analytische Jordankurve C. (Im Falle, C besitzt Ecken, sind naheliegende Modifizierungen vorzunehmen.) z_0 und z' seien Punkte auf C (vgl. Abb. 4). $\mathfrak{C}$ sei ein abgeschlossener Teilbogen von C, der z_0 im Innern enthält, nicht aber z'. Der Abstand der Endpunkte von $\mathfrak{C}$ von z' sei $\leqq \varepsilon$. Nun werde das Äußere von C durch $w(z)$, das Komplement von $\mathfrak{C}$ durch $W(z)$ auf das Äußere des Einheitskreises mit $w(\infty) = W(\infty) = \infty$, $w(z_0) = W(z_0) = 1$ schlicht konform abgebildet; dabei bezeichne $W(z_0)$ das Bild des auf dem äußeren Ufer von $\mathfrak{C}$ markierten Punktes z_0. Was geschieht mit $W(z)$ beim Grenzübergang $\varepsilon \to 0$? Nach allgemeinen Carathéodoryschen Kernkonvergenzsätzen (vgl. z. B. [4], S. 46ff.) gilt $W(z) \to \to w(z)$. (Dieser Sachverhalt liegt übrigens auch der Theorie der LÖWNERschen Differentialgleichungen zugrunde — vgl. z. B. [4], S. 87 ff.) Wir können dies wie folgt nach klassischen Verzerrungssätzen präzisieren.

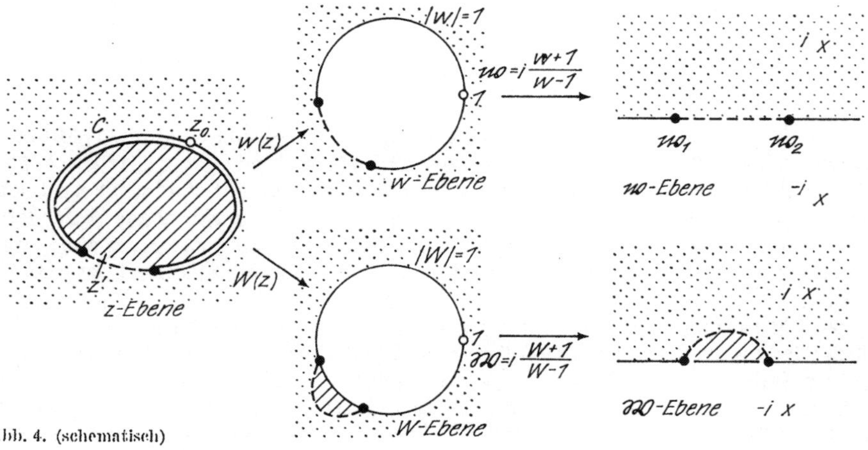

Abb. 4. (schematisch)

Satz: *Es gilt für alle z außerhalb C und außerhalb des Kreises um z' mit Radius 2ε bei hinreichend kleinem ε*

$$|W(z) - w(z)| \leqq D \cdot |z - z_0| \cdot \frac{|z - z^*|}{|z - z'|} \cdot \varepsilon^2 . \tag{3}$$

z^* sei dabei irgendein fester Punkt innerhalb C, D bezeichne eine nur von C, z', z_0 und z^* abhängende (explizit angebbare) Konstante. Insbesondere geht bei $W(z)$ das Innere von C in ein Flächenstück über, das sich auf einen Punkt des Einheitskreises zusammenzieht, wobei der Durchmesser $<$ const $\cdot\, \varepsilon$ ist.

Dieser Satz gibt die Größenordnung der Abweichung zwischen $W(z)$ und $w(z)$ richtig wieder, d. h., ε^2 bzw. ε kann nicht durch eine höhere Potenz ersetzt werden. Dies zeigt schon das Beispiel eines Kreises C bzw. Kreisbogens $\mathfrak{C}$, in dem alles explizit ausrechenbar ist.

Zum Beweis gehen wir zunächst durch die lineare Transformation

$$\mathfrak{w} = i\frac{w + 1}{w - 1}, \qquad \mathfrak{W} = i\frac{W + 1}{W - 1} \tag{4}$$

zu oberen Halbebenen $\mathfrak{w}$ bzw. $\mathfrak{W}$ über (vgl. Abb. 4). Nach dem Spiegelungsprinzip erhalten wir dann über die Zusammensetzung $\mathfrak{w} \to w \to z \to W \to \mathfrak{W}$ eine Abbildung $\mathfrak{W}(\mathfrak{w})$ des Äußeren einer „kleinen" Strecke $\mathfrak{w}_1 \dots \mathfrak{w}_2$ (von der Größenordnung ε) der reellen Achse mit $\infty \to \infty$, $i \to i$, $-i \to -i$. Mit geeignetem $\lambda > 0$ und reellem μ wird $\mathfrak{W}^*(\mathfrak{w}) = \lambda \cdot \mathfrak{W}(\mathfrak{w}) + \mu$ eine in $\mathfrak{w} = \infty$ hydrodynamisch normierte Abbildung. Für diese gilt dann nach einem klassischen BIEBERBACHschen Verzerrungssatze auf der Strecke $\mathfrak{w}_1 \dots \mathfrak{w}_2$

$$|\mathfrak{W}^*(\mathfrak{w}) - \mathfrak{w}| \leqq \mathfrak{w}_2 - \mathfrak{w}_1 .$$

Also gilt diese Ungleichung nach dem Maximumprinzipe auch außerhalb dieser Strecke, insbesondere auf dem Kreis $\mathfrak{K}$ mit dem Durchmesser $\mathfrak{w}_1 \dots \mathfrak{w}_2$. Durch abermalige Anwendung des Maximumprinzips (auf den Quotienten beider Seiten) erhält man außerhalb $\mathfrak{K}$ die Ungleichung

$$|\mathfrak{W}^*(\mathfrak{w}) - \mathfrak{w}| \leqq (\mathfrak{w}_2 - \mathfrak{w}_1)^2/|2\mathfrak{w} - (\mathfrak{w}_1 + \mathfrak{w}_2)| .$$

Dies liefert für $\mathfrak{w} = i$

$$|(\lambda - 1)\, i + \mu| = |\mathfrak{W}^*(i) - i| \leqq (\mathfrak{w}_2 - \mathfrak{w}_1)^2/(2d) ,$$

wenn d der Abstand zwischen $(\mathfrak{w}_1 + \mathfrak{w}_2)/2$ und i ist. Dies gibt

$$\mu \leqq (\mathfrak{w}_2 - \mathfrak{w}_1)^2/(2d) \quad \text{und} \quad |\lambda - 1| \leqq (\mathfrak{w}_2 - \mathfrak{w}_1)^2/(2d) .$$

Auf $\mathfrak{K}$ gilt demnach

$$|\mathfrak{W}(\mathfrak{w}) - \mathfrak{w}| = \left|\frac{\mathfrak{W}^* - \mathfrak{w} + (1 - \lambda)\,\mathfrak{w} - \mu}{1 + (\lambda - 1)}\right| \leqq \frac{(\mathfrak{w}_2 - \mathfrak{w}_1) + (1 + d + \mathfrak{w}_2 - \mathfrak{w}_1)\,(\mathfrak{w}_2 - \mathfrak{w}_1)^2/(2d)}{1 - (\mathfrak{w}_2 - \mathfrak{w}_1)^2/(2d)} .$$

Umkehrung zu

$$z = (w - 1)^{\alpha} \left(1 + \frac{\alpha}{1 - \alpha} w\right)^{1-\alpha}. \qquad (1)$$

Diese Funktion ist also zu gegebenem z nach w numerisch-näherungsweise aufzulösen. Für reelle w läuft dies auf eine reelle Bestimmungsgleichung hinaus mit einer Fallunterscheidung für die verschiedenen Intervalle.

Zur *theoretischen Begründung* des ganzen Verfahrens kehre man besser zum Schema gemäß Abb. 1 zurück. Zu jedem Einzelschritt (z. B. in Abb. 1 der Übergang von Ebene I zu Ebene II) läßt sich

a) die Änderung der Krümmung des entstehenden Restes des Schlitzes beidseitig eingrenzen, insbesondere nach oben;

b) die Approximation des entstehenden Bogens durch den jeweiligen Kreisbogen damit absehen, insbesondere erkennen, ob — wie es die Prozedur natürlich erheischt — der Kreisbogen mit dem Bild von $\mathfrak{C}$ in der jeweiligen Ebene nur Punkte gemeinsam hat, die zu dem zu approximierenden Kurvenstück (z. B. in Ebene I mit dem Stück zwischen „3" und „5") gehören;

c) dadurch die Abweichung der in den Einheitskreis „hineingezogenen" Teilbögen (z. B. in Ebene II die beiden Bögen zwischen „4" und „5") von der Einheitskreislinie absehen.

d) Bei jedem Einzelschritt bewegt sich jeder nicht auf der Einheitskreislinie befindliche Punkt auf diese zu in dem Sinne, daß die Abweichung des Betrages von 1 abnimmt. In diesem Sinne kann bei jedem Einzelschritt die Abweichung der schon in den Einheitskreis hineingezogenen Teile von der Einheitskreislinie nicht größer werden. Dies erkennt man durch Anwendung des Schwarzschen Lemmas auf die Abbildung des längs des betreffenden Kreisbogens geschlitzten Äußeren — bzw. nach Spiegelung des Inneren — des Einheitskreises auf das Äußere — bzw. Innere — des Einheitskreises. Überhaupt ist es zweckmäßig, zu den Einzelschritten jeweils die am Einheitskreis gespiegelten Abbildungen mit heranzuziehen, z. B. um zu erkennen, daß die Abbildungen überhaupt auch auf den innerhalb des Einheitskreises befindlichen Teilen des Bildes von $\mathfrak{C}$ erklärt sind, damit die entstehenden Näherungsabbildungen außerhalb $\mathfrak{C}$. Oder anders gesehen: Es entsteht ein durch die $2k + 1$ vorgegebenen Knotenpunkte von $\mathfrak{C}$ verlaufender „Ersatzschlitz", der im Ergebnis exakt auf die Einheitskreislinie abgebildet wird und dessen Anfangsstück in der Ebene 0 von Abb. 1 der anfangs gewählte Kreisbogen durch „1", „2" und „3" ist.

Durch diese Überlegungen wird insgesamt (mit einigem Aufwande) explizit abschätzbar, unter welchen Voraussetzungen an den Ausgangsschlitz $\mathfrak{C}$ durch $2k + 1$ Knotenpunkte auf $\mathfrak{C}$ die Abweichung des Endproduktes von der Einheitskreislinie bzw. die Abweichung des Ersatzschlitzes von $\mathfrak{C}$ eine gegebene Fehlerschranke unterschreitet.

Neben diesen theoretischen Überlegungen dürfte praktisch nützlicher das folgende Vorgehen sein: Nach Wahl der Knotenpunkte auf $\mathfrak{C}$ markiere man auf $\mathfrak{C}$ noch zusätzlich z. B. zwei oder drei Punkte jeweils zwischen diesen, führe das beschriebene Verfahren durch, so daß für die Zusatzpunkte die Bildpunkte ausgerechnet werden können, die i. allg. nicht auf dem Einheitskreis liegen werden; falls die Abweichung vom Einheitskreis zu groß dünkt, wende man anschließend noch ein Verfahren zur Abbildung kreisnaher Gebiete (vgl. z. B. [3], S. 59ff.) auf das Äußere eines Kreises an.

3. Variante B

Wieder seien auf dem Bogen $\mathfrak{C}$ der Reihe nach gewisse Knotenpunkte markiert, jetzt nicht notwendig wie in Abschnitt 2 in ungerader Anzahl. Anfangs wird wie in Abschnitt 2 bei der Abbildung von Ebene 0 zu Ebene I vorgegangen. Dann wird aber anders als bei Variante A in der Ebene I der zum Einheitskreis orthogonale Kreisbogen mit den Endpunkten „3" und „4" genommen und das längs dieses Kreisbogens geschlitzte Äußere des Einheitskreises auf das Äußere des Einheitskreises der nächsten Ebene unter Festhaltung von ∞ abgebildet. In der Bildebene wird wieder der nächste entsprechende Orthogonalkreisbogen aufgesucht und in den Einheitskreis „hineingezogen", usw.

Man hat jetzt zwar bei gleicher Anzahl von Knotenstellen auf $\mathfrak{C}$ gegenüber Variante A etwa doppelt so viele Einzelschritte durchzuführen, aber diese sind erheblich einfacher.

In der *tätlichen Durchführung* wird man zunächst wie in Abb. 2 bis Hilfsebene 2 vorgehen. Dann wird man eine lineare Transformation durchführen, die die Gerade durch „2" und „3" der Hilfsebene 2 in sich transformiert, dabei den zweiten (von „3" verschiedenen) Schnittpunkt des Orthogonalkreises durch „3" und „4" nach ∞ wirft. Auf diese Weise steht man jeweils vor dem folgenden „Hauptschritt", der o. E. d. A. in folgender spezieller Lage beschrieben werden kann: Die zwischen 0 und i geradlinig geschlitzte obere Halbebene $\mathfrak{Im}\, z > 0$ soll durch $w = w(z)$ mit $w(\infty) = \infty$ auf die obere Halbebene $\mathfrak{Im}\, w > 0$ abgebildet werden. Dies gelingt einfach durch (vgl. [1], S. 173ff.)

$$w(z) = \sqrt{z^2 + 1}. \qquad (2)$$

In diesem Spezialfalle ist also (1) mit $\alpha = 1/2$ explizit nach w auflösbar.

Zum numerisch-praktischen Vergleich mit Variante A vgl. Abschnitt 5. Eine theoretische Begründung ist hier wohl schwieriger. Das Verfahren arbeitet wie Variante A exakt für einen Kreisbogenschlitz $\mathfrak{C}$, aber natürlich auch für eine erheblich größere Mannigfaltigkeit von Schlitzen = „Ersatzschlitzen". Letztere sind bei Variante B durchweg glatt im Gegensatz zu Variante A.

Auf $\mathfrak{C}$ werden der Reihe nach $2k + 1$ „Knotenpunkte" markiert, z. B. äquidistant, aber jedenfalls so, daß die evtl. Knickpunkte von $\mathfrak{C}$ Knotenpunkte werden. Bis auf die Endpunkte „1" und „$2k + 1$" sind alle Knotenpunkte in zwei Exemplaren zu denken, auf jedem Schlitzufer je eines. Es wird dann der Kreisbogen mit Endpunkten „1" und „3" durch „2" bestimmt und dessen Komplement unter Festhaltung von ∞ auf das Äußere des Einheitskreises einer Ebene I schlicht konform abgebildet. In der Ebene I wird anschließend durch die Punkte „3", „4" und „5" der zugehörige Kreisbogen (d. h. mit Endpunkten „3" und „5" durch „4") gelegt und das längs dieses Kreisbogens geschlitzte Äußere des Einheitskreises auf das Äußere des Einheitskreises einer Ebene II mit $\infty \to \infty$ abgebildet. Nun wird durch „5", „6" und „7" der Ebene II der zugehörige Kreisbogen gelegt und die Prozedur wiederholt, und zwar so lange, bis der Punkt „$2k + 1$" auf der Einheitskreislinie liegt in der betreffenden letzten Ebene.

In der *tätlichen numerischen Durchführung* wird man freilich zweckmäßiger so vorgehen, daß man statt mit dem Äußeren des Einheitskreises mit einer Halbebene arbeitet (vgl. Abb. 2).

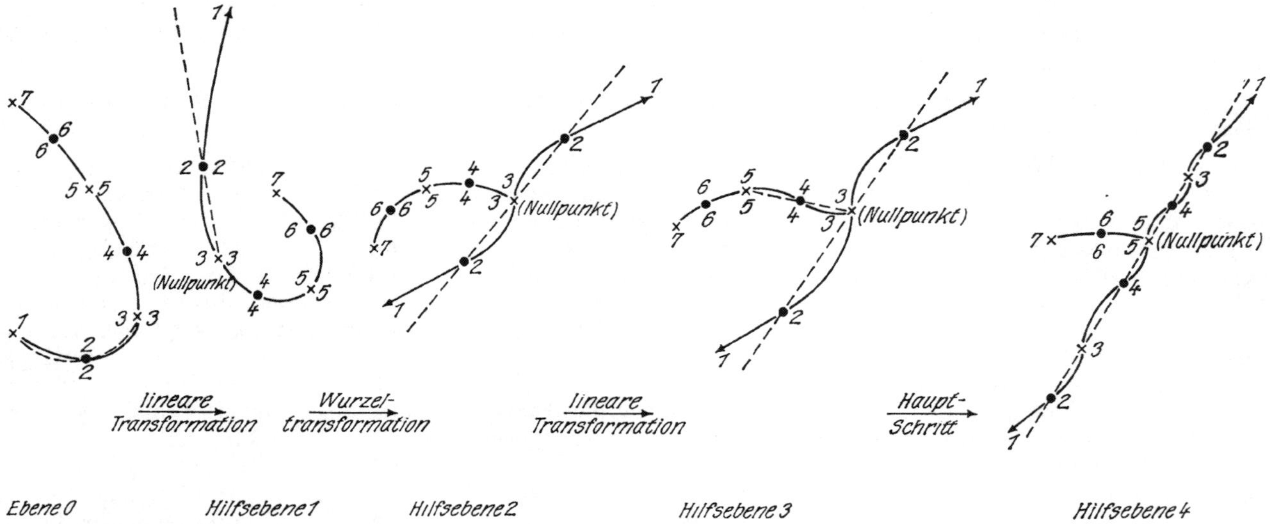

Abb. 2 (schematisch)

a) Die Ebene 0 bilde man zunächst in eine Hilfsebene 1 gebrochen linear so ab, daß „1" in ∞ und „3" in den Nullpunkt übergeht.

b) Die vom Nullpunkt geradlinig über das Bild von „2" aufgeschlitzte Hilfsebene 1 bilde man durch die Quadratwurzeloperation ab in eine Halbebene der Hilfsebene 2. Dabei geht der aufschneidende Strahl der Hilfsebene 1 über in eine durch den Nullpunkt verlaufende Gerade.

c) Durch anschließende lineare Transformation, bei der diese Gerade in sich übergeht, wobei der Nullpunkt fest bleibt, erreicht man, daß in der entstehenden Hilfsebene 3 die Punkte „3", „4" und „5" auf einer Geraden liegen.

d) Das von der Verbindungsstrecke der Punkte „3" und „5" und der Geraden durch die beiden Punkte „2" berandete Gebiet (= geradlinig geschlitzte Halbebene) in der Hilfsebene 3 wird nun im nächsten „Hauptschritt" unter Festhaltung von ∞ auf eine volle Halbebene der Hilfsebene 4 abgebildet.

Anschließend wird wieder wie beim Übergang zur Hilfsebene 3 verfahren (lineare Transformation, die „5", „6" und „7" auf eine Strecke bringt), usw. bis der letzte Punkt „$2k + 1$" auf der Berandung der entsprechenden Halbebene liegt. Bei allen Einzelschritten verfolgt man jeweils das Bild von ∞ der Ebene 0, so daß man abschließend bei der linearen Transformation der letzten Halbebene auf das Äußere des Einheitskreises das Bild wieder nach ∞ bringen kann.

In der praktischen Durchführung spielt also neben den harmlosen linearen Transformationen und der anfänglichen Wurzeltransformation der genannte „*Hauptschritt*" die entscheidende Rolle, so daß wir diesen näher betrachten wollen. Die Halbebene $\mathfrak{Im}\, z > 0$ werde geschlitzt längs der Strecke der Neigung $\alpha\pi$ $(0 < \alpha < 1)$ gegen die positiv reelle Achse, wobei die Strecke o. E. d. A. in 0 beginne und die Länge 1 habe. Die gesuchte Abbildung $w = w(z)$ auf die obere Halbebene $\mathfrak{Im}\, w > 0$ mit $w(\infty) = \infty$ (vgl. Abb. 3) wird z. B. nach [1] (S. 245ff.) gegeben als

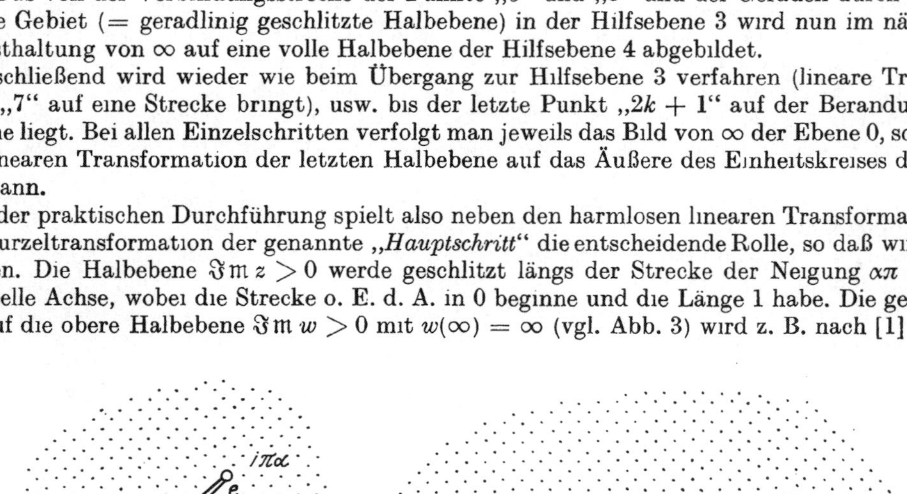

Abb. 3

Nennen wir hier die rechte Seite $(\mathfrak{w}_2 - \mathfrak{w}_1) \cdot \nu$, dann folgt durch nochmalige entsprechende Anwendung des Maximumprinzips außerhalb $\mathfrak{K}$

$$|\mathfrak{W}(\mathfrak{w}) - \mathfrak{w}| \leqq (\mathfrak{w}_2 - \mathfrak{w}_1)^2 \ \nu \cdot \left(d - \frac{\mathfrak{w}_2 - \mathfrak{w}_1}{2}\right)^{-2} \cdot \frac{|\mathfrak{w} - i| \cdot |\mathfrak{w} + i|}{|2\mathfrak{w} - (\mathfrak{w}_1 + \mathfrak{w}_2)|}.$$

Zurücktransformation mit (4) liefert dann die Behauptung (3).

In der *praktischen numerischen Handhabung* der konformen Abbildung des Äußeren von C auf das Äußere des Einheitskreises wird man so vorgehen. Man markiert auf C etwa äquidistant $2k + 2$ Punkte. Einen faßt man als z' der obigen Betrachtung auf, die benachbarten als die Endpunkte von $\mathfrak{C}$. Dann wird das Komplement von $\mathfrak{C}$ nach Variante A oder B auf das Äußere des Einheitskreises abgebildet. Dabei entsteht aus z' ein Bild P', die Endpunkte von $\mathfrak{C}$ gehen über in zwei Punkte P_1, P_2 des Einheitskreises. Wir bilden nun abschließend das Äußere des erstens von dem durch P' verlaufenden (kleinen) Kreisbogen mit Endpunkten in P_1 und P_2 und zweitens von dem größeren (außer P' die Knotenpunktbilder tragenden) Einheitskreisbogen mit Endpunkten P_1 und P_2 berandeten Kreisbogenzweiecks auf das Äußere des Einheitskreises ab. Es entsteht eine Näherung für die Abbildung des Äußeren von C. Wieder wird eine gewisse durch die vorgegebenen Knotenpunkte von C laufende „Ersatzkurve" exakt auf die Einheitskreislinie abgebildet. Das Verfahren arbeitet exakt für einen Kreis C, aber natürlich auch für eine große Mannigfaltigkeit weiterer „Ersatzkurven".

5. Numerische Erprobung

Als Testbeispiel für die Genauigkeit nehmen wir den Schlitz (= „Winkelhaken") $\mathfrak{C}$ der z-Ebene, bestehend aus den Verbindungsstrecken von 0 und 1 sowie von 0 und i, da sich hier insbesondere die Auswirkung eines Knickes gut studieren läßt. Eine Abbildung auf das Äußere des Einheitskreises ist nach Drehung des Schlitzes um $-\pi/4$ unmittelbar über (1) gegeben, da sich das Komplement des dort zunächst nach Anwendung des Spiegelungsprinzipes entstehenden Schlitzes zwischen $w = -3$ und $w = 1$ noch elementar auf das Äußere des Einheitskreises transformieren läßt. Wir wählen naheliegend (in den Bezeichnungen der Ebene 0 in Abb. 1) „1" $= i$, „2" $= i/2$, „3" $= 0$, und weiter wird die Strecke $0 \ldots i$ äquidistant in 10 Teile unterteilt (so daß $2k + 1 = 13$). Wir betrachten die Abbildung nun konkret mit den Nebenbedingungen $w(\infty) = \infty$, $w(i) = 1$. Die Randabbildung von $\mathfrak{C}$ auf $|w| = 1$ schreiben wir $w(z) = e^{i\Theta}$. Die sich bei Variante A bzw. B einstellenden Näherungswerte für Θ seien Θ_A bzw. Θ_B (in Bogenmaß). Die Tabelle 1 enthält die Werte der Abweichung $\Theta - \Theta_A$ bzw. $\Theta - \Theta_B$ für die ausgewählten Knotenpunkte der Strecke $0 \ldots 1$, die insofern die interessantesten sind, als die andere Strecke exakt auf einen Einheitskreisbogen abgebildet wird. Für $z = i$ wird diese Abweichung wegen unserer Normierung $w(i) = 1$ gleich Null.

Tabelle 1

z	$\Theta - \Theta_A$		$\Theta - \Theta_B$	
	unteres Ufer	oberes Ufer	unteres Ufer	oberes Ufer
0	−0,00262	−0,00004	0,0585	−0,0013
0,1	0,00213	0,00008	−0,0656	−0,0036
0,2	−0,00213	−0,00042	−0,0153	−0,0007
0,3	0,00225	0,00050	−0,0177	−0,0026
0,4	−0,00127	−0,00054	−0,0115	−0,0019
0,5	0,00121	0,00048	−0,0102	−0,0024
0,6	−0,00065	−0,00045	−0,0085	−0,0024
0,7	0,00084	0,00047	−0,0074	−0,0026
0,8	−0,00045	−0,00040	−0,0064	−0,0028
0,9	0,00084	0,00065	−0,0055	−0,0031
1	−0,00056		−0,0044	

Der Vorteil der Variante A gegenüber B ist offensichtlich und wegen der Knickstelle in $z = 0$ nicht überraschend. Als ein Maß für die Güte der Näherung werde hier noch die Quadratwurzel aus dem arithmetischen Mittel der Werte $(\Theta - \Theta_A)^2$ bzw. $(\Theta - \Theta_B)^2$ berechnet und mit M_A bzw. M_B bezeichnet. In Tabelle 2 sind einige Werte notiert für den Fall, auf der Strecke $0 \ldots i$ sind wie oben die Punkte i, $i/2$ und 0 als Knotenpunkte markiert, auf der Strecke $0 \ldots 1$ weitere, so daß dort eine äquidistante Einteilung in $m = (2k + 1) - 3$ Teilstrecken erfolgt. M_A bzw. M_B sind dabei durch diese Mittelung der Abweichung vom exakten Wert für die Punkte „3" $= 0, \ldots$, „$2k + 1$" $= 1$ berechnet (wobei also wegen der Zweiufrigkeit von $\mathfrak{C}$ an der Mittelung $2m + 1$ Werte teilnehmen). Wieder liege die Normierung $w(i) = 1$ zugrunde.

Tabelle 2

m	2	4	10
M_A	0,020	0,0061	0,0012
M_B	0,151	0,061	0,020

Nimmt man nicht die Normierung $w(i) = 1$, sondern führt eine Drehung des Einheitskreises durch, so daß für die Knotenpunkte die Summe der $(\Theta - \Theta_A)^2$ bzw. $(\Theta - \Theta_B)^2$ minimal wird, ergibt sich hier nur ein unerheblich kleinerer Wert für M_A bzw. M_B.

Als weiteres Testbeispiel nehmen wir das Äußere eines Quadrates, da auch hier die exakte Abbildung geschlossen bekannt ist (vgl. [3], S. 58). Für die Näherungen, berechnet wie am Ende von Abschnitt 4 beschrieben, ergab sich: M_B war für 10 bzw. 16 bzw. 24 auf der Quadratlinie annähernd gleichmäßig verteilte Punkte kleiner als 0,03 bzw. 0,01 bzw. 0,006; vgl. hiermit [3], S. 58, [6], S. 113. M_B war entsprechend wie beim oben betrachteten Winkelhaken ungünstiger.

Etwa ähnliche Ergebnisse entstanden bei M_A im Falle einer Ellipse mit dem Achsenverhältnis 2. Dann wich M_B nicht nennenswert ab, war z. T. sogar kleiner.

Die numerischen Rechnungen wurden durchgeführt von Herrn FRIEDHARD WÖRFEL, Frl. RUTH CHRISTA HESSE bzw. Frau CHRISTIANE ZAHN im Rahmen ihrer Diplomarbeit 1971, 1977 bzw. 1981 an der Sektion Mathematik der Martin-Luther-Universität Halle-Wittenberg.

6. Abschließende Bemerkungen, Einschätzungen und Beobachtungen am numerischen Material

1. Allgemein gesprochen ist die Rechenzeit bei gleicher Anzahl der auf $\mathfrak{C}$ gewählten Knotenpunkte für die Varianten A und B etwa gleich, dabei etwa proportional dem Quadrat dieser Anzahl. Der Programmieraufwand ist für Variante B natürlich geringer, da hier die numerische Auflösung von (1) entfällt.

2. Bei Ecken auf $\mathfrak{C}$ bzw. C ist unbedingt Variante A vorzuziehen, sonst besteht dieser Vorteil nicht gegenüber Variante B. Nur bei Variante B entsteht ein nennenswerter Genauigkeitsgewinn dadurch, daß man an den Ecken eine Häufung von Knotenpunkten anbringt.

3. Die (Näherungs-) Abbildung läßt sich über die Varianten A und B gleichzeitig mühelos mit ausrechnen für im Innern oder auf dem Rande vorgegebene weitere Punkte. Auch kann man die Werte für Ableitungen, Koeffizienten und damit den konformen Radius u. ä. mit berechnen.

4. Man ist nicht notwendig an einen Kreisbogen als Anfangsstück des Ersatzschlitzes für $\mathfrak{C}$ gebunden. Gegebenenfalls läßt sich auch ein anderer Bogen verwenden, wenn nur das Komplement durch einen handhabbaren analytischen Ausdruck abgebildet werden kann: eine Strecke (wie z. B. beim obigen Winkelhaken) oder ein Winkelhaken (z. B. bei Polygongebieten u. U. anzuempfehlen).

5. Auch das Komplement mehrfach verästelter Schlitze oder das Äußere von Vollkurven mit angesetzten (auch mehrfach verästelten) Schlitzen läßt sich entsprechend wie bei Variante A oder B behandeln.

6. Im Falle etwa zur reellen Achse symmetrischer Schlitze $\mathfrak{C}$ kann man auch abkürzend so vorgehen. Man wählt anfangs in der Mitte von $\mathfrak{C}$ einen approximierenden Kreisbogen und bildet das Komplement ab, anschließend jeweils das Äußere des Einheitskreises mit zwei angesetzten Kreisbogenschlitzen. Höhere Symmetrien (wie z. B. bei einer Ellipse oder einem Rechteck als Vollkurve C) lassen sich wohl nicht entsprechend ausnutzen.

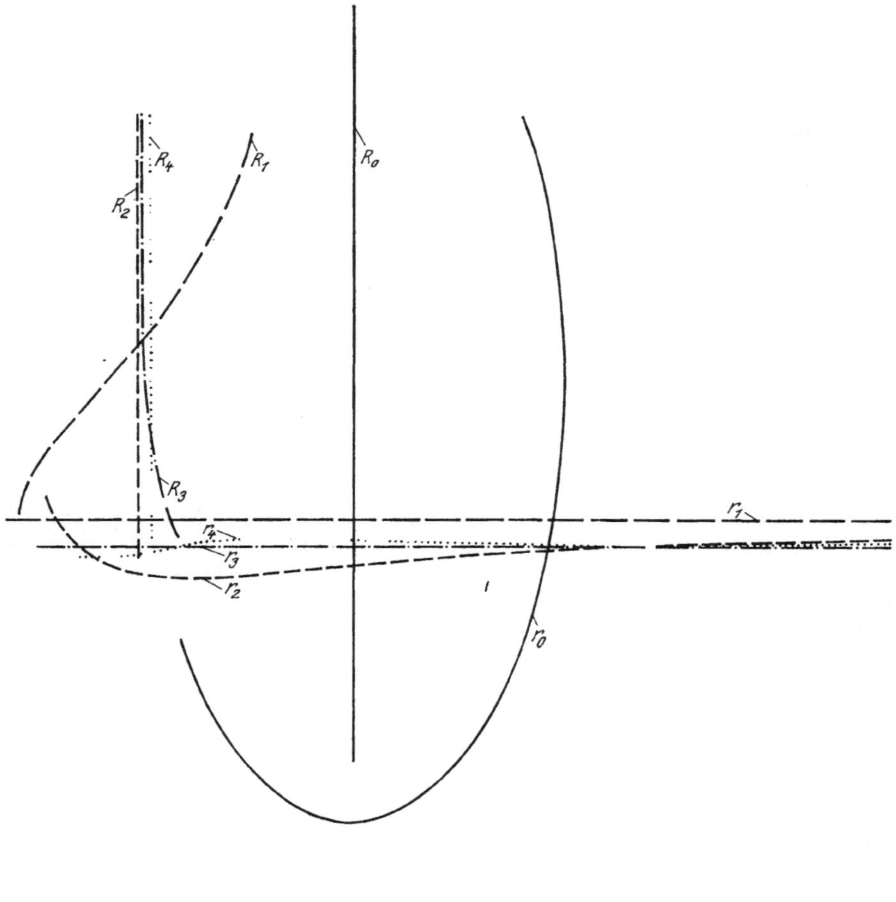

Abb. 5

7. Entsprechend obiger Bemerkung 3 läßt sich das Verfahren günstig verwenden fur Iterationsverfahren zur konformen Abbildung mehrfach zusammenhängender Gebiete, die auf der Hintereinanderfolge von Abbildungen einfach zusammenhängender Gebiete basieren (vgl. z. B. [3], S. 208 ff.). Als numerisches Beispiel nehmen wir die Abbildung des in Abb. 5 mit den Randkomponenten r_0 und R_0 gezeichneten zweifach zusammenhängenden Gebietes auf ein Geradenschlitzgebiet, genauer auf ein zweifach zusammenhängendes Gebiet, bei dem das Bild von r_0 eine Strecke parallel zur reellen Achse ist, das Bild von R_0 eine solche parallel zur imaginären Achse. Die Abbildung sei dabei im unendlich fernen Punkte hydrodynamisch normiert. Es handelt sich dabei um einen Fall, in dem die Konvergenz des zugehörigen Iterationsverfahrens entsprechend einer alten Fragestellung von H. GRÖTZSCH bis heute nicht bewiesen ist; man vgl. die Darstellung hierzu in [5], wo auch eine hinreichende Konvergenzbedingung angegeben wird, die aber hier nicht erfüllt ist (vgl. auch in [3] auf S. 238 unter „Gemischtschlitzabbildung"). In unserem Beispiel des von r_0 und R_0 berandeten Gebietes wird im ersten Iterationsschritt das Komplement von r_0 hydrodynamisch normiert auf das Komplement einer zur reellen Achse parallelen Strecke r_1 abgebildet (wobei als Zwischenschritt zunächst auf das Äußere eines Kreises abgebildet wird z. B. nach Variante A bzw. B). Als Bild von R_0 entsteht ein Schlitz R_1, dessen Komplement im zweiten Iterationsschritt hydrodynamisch normiert auf das Komplement einer zur imaginären Achse parallelen Strecke R_2 abgebildet wird. Dabei geht r_1 in einen Schlitz r_2 über, dessen Komplement dann wieder entsprechend abgebildet wird, usw. In Abb. 5 wurde Variante B verwendet, wobei auf jedem Schlitz jeweils 10 Knotenpunkte gewählt wurden, auf den geradlinigen immer äquidistant. Es wurde ziemlich rasche „numerische Konvergenz" beobachtet.

Literatur

1 BETZ, A., Konforme Abbildung, Springer-Verlag, Berlin-Göttingen-Heidelberg 1948.
2 FIL'ČAKOV, P. F., Näherungsmethoden der konformen Abbildungen, Naukova Dumka, Kiev 1964 (Russisch).
3 GAIER, D., Konstruktive Methoden der konformen Abbildung, Springer-Verlag, Berlin-Göttingen Heidelberg 1964.
4 GOLUSIN, G. M., Geometrische Funktionentheorie, VEB Deutscher Verlag der Wissenschaften, Berlin 1957 (Übersetzung aus dem Russ.).
5 MASKUS, R., Anwendung eines Iterationsverfahrens auf das KOEBEsche Geradenschlitztheorem, Wiss. Z. d. Martin-Luther-Univ. Halle-Wittenberg, Math.-Nat. Reihe **14** (1965), 323–332.
6 WEISEL, J., Lösung singulärer Variationsprobleme durch die Verfahren von Ritz und Galerkin mit finiten Elementen – Anwendungen in der konformen Abbildung, Mitt. Math. Sem. Giessen, Heft 138 (1979).

Eingereicht: 5. 2. 1982

Anschrift: Dozent Dr. REINER KÜHNAU, Sektion Mathematik der Martin-Luther-Universität Halle-Wittenberg. Universitätsplatz 8/9, DDR-4010 Halle/Saale

KLEINE MITTEILUNGEN

ZAMM 63, 639 – 642 (1983)

L. Berg

Die Invertierung von Matrizen aus Binomialkoeffizienten

Für drei Klassen von Matrizen, deren Elemente Binomialkoeffizienten sind, soll im folgenden ein einfacher Weg zur Berechnung der Inversen angegeben werden. Die Ergebnisse lassen sich vielseitig verwenden, sie zeigen insbesondere, daß zwei dieser Klassen aus monotonen Matrizen bestehen. Die Grundlage für die Beweise bildet der folgende

Satz: *Ist $\{A_n\}$ eine Folge regulärer Matrizen n-ter Ordnung, deren Elemente von n unabhängig sind, so besitzen die Elemente der zugehörigen inversen Matrizen $A_n^{-1} = (b_{ij}^{(n)})$ die Darstellung*

$$b_{ij}^{(n)} = \sum_{k=\mathrm{Max}(i,j)}^{n} b_{ik}^{(k)} b_{kj}^{(k)} / b_{kk}^{(k)} . \tag{1}$$

Beweis: Führen wir die Blockzerlegung

$$A_k^{-1} = \begin{pmatrix} B_k & p_k \\ q_k^{\mathsf{T}} & \beta_k \end{pmatrix}$$

durch, mit $B_k = (b_{ij}^{(k)})$, $p_k = (b_{ik}^{(k)})$, $q_k^{\mathsf{T}} = (b_{kj}^{(k)})$ und $\beta_k = b_{kk}^{(k)}$, wobei die Indizes i, j hier von 1 bis $k-1$ laufen, so gilt nach der in [4] beschriebenen Methode des Ränderns

$$B_k = A_{k-1}^{-1} + \frac{1}{\beta_k} p_k q_k^{\mathsf{T}}$$

oder in Elementform

$$b_{ij}^{(k)} = b_{ij}^{(k-1)} + b_{ik}^{(k)} b_{kj}^{(k)} / b_{kk}^{(k)} \tag{2}$$

für $1 \leqq i, j < k$. Zur Vereinfachung setzen wir $b_{ij}^{(k)} = 0$, wenn einer der Indizes i, j größer ist als k. Dann gilt (2) auch für $1 \leqq i, j \leqq k$, und (1) folgt aus (2) durch Summation über k.

Folgerung: *Gilt $0 \leqq b_{ik}^{(k)}$, $0 \leqq b_{kj}^{(k)}$ und $0 < b_{kk}^{(k)}$ für alle i, j, k, so sind die Matrizen A_n alle* von monotoner Art und im symmetrischen Fall *und positiv definit.*

Für die letzte Aussage beachte man das Kriterium von Hurwitz sowie die *Darstellung*

$$\det A_n^{-1} = \prod_{k=1}^{n} b_{kk}^{(k)} . \tag{3}$$

Die Darstellungsformel (1) besagt, daß man von den Matrizen A_n^{-1} jeweils nur die letzte Zeile und die letzte Spalte zu berechnen braucht.

1. Voll besetzte Matrizen

Als erstes Beispiel betrachten wir die symmetrischen Matrizen n-ter Ordnung $A_n = (a_{ij})$ mit den Elementen

$$a_{ij} = (-1)^{i+j} \binom{i+j}{j} . \tag{4}$$

Wir behaupten, daß dann

$$b_{nj}^{(n)} = \binom{n+1}{j+1} \frac{j}{n+1} \tag{5}$$

gilt und folglich wegen der Symmetrie, (1) und $b_{nn}^{(n)} = n/(n+1)$ die *Gleichung*

$$b_{ij}^{(n)} = \sum_{k=i}^{n} \binom{k+1}{i+1} \binom{k+1}{j-1} \frac{ij}{k(k+1)} \tag{6}$$

sowie wegen (3)

$\det A_n = n + 1$.

Insbesondere ist dann auch die vorhergehende Folgerung anwendbar.

Beweis: Wegen (4) haben wir zu zeigen, daß

$$\sum_{j=1}^{n} (-1)^{i+j} \binom{i+j}{j} \binom{n+1}{j+1} \frac{j}{n+1} = \delta_{in}$$

gilt, wobei δ_{in} das Kroneckersymbol ist. Unter Beachtung von

$$j \binom{i+j}{j} = (-1)^{j-1} \binom{-i-2}{j-1} (i+1) \text{ bedeutet dies}$$

$$\sum_{j=1}^{n} \binom{-i-2}{j-1} \binom{n+1}{n-j} = (-1)^{i-1} \delta_{in} .$$

Andererseits gilt die elementare Formel

$$\sum_{j=1}^{n} \binom{-i-2}{j-1} \binom{m+1}{n-j} = \binom{m-i-1}{n-1}$$

und weiterhin

$$\binom{n-i-1}{n-1} = \binom{-1}{n-1} \delta_{in} = (-1)^{n-1} \delta_{in}$$

für $1 \leqq i \leqq n$, so daß die Behauptung (5) bewiesen ist.

Die Matrix A_n mit den Elementen (4) gestattet die Faktorisierung $A_n = C_n^{\mathsf{T}} C_n$, wobei die Matrix $C_n = (c_{ij})$ vom Format $(n+1) \times n$ die Elemente

$$c_{ij} = (-1)^{i+j} \binom{j}{i-1}$$

besitzt. Somit tritt die Matrix A_n auf, wenn man bei einem Gleichungssystem mit der Matrix C_n die ***kleinste-Quadrate-Lösung*** bzw. bei einem Gleichungssystem mit der Matrix C_n^{T} die *Lösung mit der kleinsten euklidischen Norm* sucht (vgl. [1]).

Die Formel (6) läßt sich leicht auswerten. Sie zeigt, daß speziell die *Hauptabschnittsmatrizen* der Matrix

$$\begin{pmatrix} 2 & -3 & 4 & -5 & 6 & -7 \\ -3 & 6 & -10 & 15 & -21 & 28 \\ 4 & -10 & 20 & -35 & 56 & -84 \\ -5 & 15 & -35 & 70 & -126 & 210 \\ 6 & -21 & 56 & -126 & 252 & -462 \\ -7 & 28 & -84 & 210 & -462 & 924 \end{pmatrix}$$

die folgenden Inversen besitzen:

$$\left(\frac{1}{2}\right), \quad \begin{pmatrix} 2 & 1 \\ 1 & \frac{2}{3} \end{pmatrix}, \quad \begin{pmatrix} 5 & 5 & \frac{3}{2} \\ 5 & 6 & 2 \\ \frac{3}{2} & 2 & \frac{3}{4} \end{pmatrix}, \quad \begin{pmatrix} 10 & 15 & 9 & 2 \\ 15 & 26 & 17 & 4 \\ 9 & 17 & 12 & 3 \\ 2 & 4 & 3 & \frac{4}{5} \end{pmatrix},$$

$$\begin{pmatrix} \frac{35}{2} & 35 & \frac{63}{2} & 14 & \frac{5}{2} \\ 35 & \frac{238}{3} & 77 & 36 & \frac{20}{3} \\ \frac{63}{2} & 77 & \frac{159}{2} & 39 & \frac{15}{2} \\ 14 & 36 & 39 & 20 & 4 \\ \frac{5}{2} & \frac{20}{3} & \frac{15}{2} & 4 & \frac{5}{6} \end{pmatrix}, \quad \begin{pmatrix} 28 & 70 & 84 & 56 & 20 & 3 \\ 70 & 196 & 252 & 176 & 65 & 10 \\ 84 & 252 & 342 & 249 & 95 & 15 \\ 56 & 176 & 249 & 188 & 74 & 12 \\ 20 & 65 & 95 & 74 & 30 & 5 \\ 3 & 10 & 15 & 12 & 5 & \frac{6}{7} \end{pmatrix} .$$

Aus der Umformung von (6)

$$b_{ij}^{(n)} = \sum_{k=i}^{n} \binom{k-1}{i-1} \binom{k+1}{j+1} \frac{j}{i+1} ,$$

der Symmetrie dieser Elemente und $\det A_n = n + 1$ geht hervor, daß die Nenner der $b_{ij}^{(n)}$ bei gekürzter Bruchdarstellung *maximal gleich dem größten gemeinsamen Teiler von $i+1, j+1, n+1$ sind*, wobei das Beispiel $b_{11}^{(3)} = 5$ zeigt, daß dieses Maximum nicht immer angenommen wird.

2. Bandmatrizen

Als zweites Beispiel betrachten wir die symmetrischen Bandmatrizen n-ter Ordnung $A_n = (a_{ij})$ mit den Elementen

$$a_{ij} = (-1)^{i+j}\binom{2m}{m+i-j}, \tag{7}$$

die noch von einer natürlichen Zahl m abhängen. Für $n > m$ ist die Bandbreite $2m + 1$.

In diesem Fall werden wir zeigen, daß die *Gleichung*

$$b^{(n)}_{nj} = \binom{j+m-1}{m}\binom{n+m-j-1}{m-1}\bigg/\binom{n+2m-1}{m} \tag{8}$$

gilt und daher wegen $b^{(n)}_{nn} = \binom{n+m-1}{m}\Big/\binom{n+2m-1}{m}$ sowie (3)

$$\det A_n = \prod_{k=0}^{m-1}\binom{n+m+k}{m}\bigg/\binom{m+k}{m}.$$

Auch diesmal ist wieder die vorhergehende Folgerung anwendbar.

Beweis: Die $b_j = b^{(n)}_{nj}$ mit (8) genügen offenbar den Randbedingungen

$$\left.\begin{aligned} &b_{-m+1} = \dots = b_{-1} = b_0 = b_{n+1} = b_{n+2} = \dots = b_{n+m-1} = 0,\\ &b_{n+m} = (-1)^{m-1}. \end{aligned}\right\} \tag{9}$$

Als Elemente einer symmetrischen inversen Matrix sind sie durch

$$\sum_{j=1}^{n} a_{ij}b_j = \delta_{in}$$

für $i = 1, 2, \dots, n$ eindeutig bestimmt, wofür wir wegen (7) und (9) auch

$$\sum_{k=0}^{2m}(-1)^k\binom{2m}{k}b_{i+k-m} = 0$$

schreiben können. Da das charakteristische Polynom dieser Differenzengleichung $(\lambda - 1)^{2m}$ lautet, sind ihre Lösungen b_j Polynome $(2m-1)$-ten Grades in j, so daß (8) bewiesen ist.

Die Matrix A_n mit den Elementen (7) gestattet die Faktorisierung $A_n = C_n^T C_n$, wobei die Matrix $C_n = (c_{ij})$ vom Format $(n+m)\times n$ die Elemente

$$c_{ij} = (-1)^{i+j}\binom{m}{i-j}$$

besitzt. Somit sind analoge Anwendungen wie zuvor möglich (vgl. [1]). Matrizen mit den Elementen (7) treten auch bei der *Diskretisierung gewöhnlicher Differentialgleichungen* auf.

Die Anwendung der Formel (1) ergibt für $i \leq j$

$$b^{(n)}_{ij} = \binom{i+m-1}{m}\binom{j+m-1}{m}\times \sum_{k=j}^{n}\frac{\binom{k+m-i-1}{m-1}\binom{k+m-j-1}{m-1}}{\binom{k+m-1}{m}\binom{k+2m-1}{m}}.$$

Wir wenden jetzt im Nenner die Umformung

$$\binom{k+m-1}{m}\binom{k+2m-1}{m} = \binom{k+2m-1}{2m}\binom{2m}{m}$$

an sowie anschließend die Partialbruchzerlegung bezüglich der Veränderlichen k

$$\frac{\binom{k+m-i-1}{m-1}\binom{k+m-j-1}{m-1}}{\binom{k+2m-1}{2m}} = 2m\sum_{l=0}^{2m-1}\binom{2m-1}{l}\binom{l+i-1}{m-1}\binom{l+j-1}{m-1}\frac{(-1)^l}{k+l}.$$

Dann erhalten wir nach Vertauschung der Reihenfolge der Summationen, Ersetzung von k durch $k - l$ und nochmaliger Vertauschung die *Darstellung*

$$b^{(n)}_{ij} = \frac{2m}{\binom{2m}{m}}\binom{i+m-1}{m}\binom{j+m-1}{m}\sum_k\frac{1}{k}\sum_l \times (-1)^l\binom{2m-1}{l}\binom{l+i-1}{m-1}\binom{l+j-1}{m-1} \tag{10}$$

mit $j \leqq k \leqq 2m + n - 1$ und $\operatorname{Max}(k-n, 0) \leqq l \leqq \operatorname{Min}(k-j, 2m-1)$. Aus der Gleichung

$$\frac{\partial^{2m-2}}{\partial x^{m-1}\partial y^{m-1}}[x^{i-1}y^{j-1}(1-xy)^{2m-1}] = (m-1)!^2\sum_{l=0}^{2m-1}(-1)^l\binom{2m-1}{l}\times\binom{l+i-1}{m-1}\binom{l+j-1}{m-1}x^{l+i-m}y^{l+j-m}$$

ist für $x = y = 1$ ersichtlich, daß die Summe über l in (10) verschwindet, wenn l von 0 bis $2m - 1$ läuft, was für $2m - 1 + j \leqq$ $\leqq k \leqq n$ der Fall ist. Damit reduziert sich in (10) die Doppelsumme auf

$$\sum_k\frac{1}{k}\sum_l = \sum_{k=j}^{2m-2+j}\frac{1}{k}\sum_{l=0}^{k-j} - \sum_{k=n+1}^{2m+n-1}\frac{1}{k}\sum_{l=0}^{k-n-1}$$

oder nach einer Indexverschiebung bei k

$$\sum_k\frac{1}{k}\sum_l = \sum_{k=0}^{2m-2}\left(\frac{1}{k+j} - \frac{1}{k+n+1}\right)\sum_{l=0}^{k},$$

und wir erhalten zusammenfassend

$$b^{(n)}_{ij} = \frac{2m}{\binom{2m}{m}}\binom{i+m-1}{m}\binom{j+m-1}{m}\sum_{k=0}^{2m-2}\times\frac{n+1-j}{(j+k)(n+k+1)}c_{ij} \tag{11}$$

mit

$$c_{ij} = \sum_{l=0}^{k}(-1)^l\binom{2m-1}{l}\binom{l+i-1}{m-1}\binom{l+j-1}{m-1} = -\sum_{l=k+1}^{2m-1}(-1)^l\binom{2m-1}{l}\binom{l+i-1}{m-1}\binom{l+j-1}{m-1}. \tag{12}$$

Da die Matrix mit den Elementen (7) persymmetrisch ist, d. h., sich bei der Ersetzung $i \to n + 1 - j$, $j \to n + 1 - i$ nicht ändert, ist auch ihre inverse Matrix mit den Elementen (11) persymmetrisch. Dies bedeutet, daß die Elemente (11) als Funktionen von j durch $\binom{n+m-j}{m}$ teilbar sein müssen. Auf Grund der Partialbruchzerlegung bezüglich n

$$\frac{1}{(n+k+1)\binom{n+m-j}{m-1}} = \frac{(-1)^{m-1}}{(n+k+1)\binom{j+k-1}{m-1}} + \dots,$$

wobei wir $j \geqq m$ annehmen, und der Umformung

$$\frac{(n+1-j)\binom{n+m-j}{m-1}}{(j+k)\binom{j+k-1}{m-1}} = \frac{\binom{n+m-j}{m}}{\binom{j+k}{m}}$$

erhalten wir somit weiterhin

$$b^{(n)}_{ij} = (-1)^{m-1}\frac{2m}{\binom{2m}{m}}\binom{i+m-1}{m}\binom{n+m-j}{m}d^{(n)}_{ij} \tag{13}$$

mit

$$d^{(n)}_{ij} = \sum_{k=0}^{2m-2}\frac{c_{ij}}{n+k+1}\binom{j+m-1}{m}\bigg/\binom{j+k}{m}, \tag{14}$$

Bei diesem Ergebnis stört, daß j im Nenner auftritt, obwohl $b_{ij}^{(n)}$ ein Polynom in j sein muß. Daher ersetzen wir jetzt

$$\binom{j+m-1}{m}\Big/\binom{j-k}{m} = \frac{(j+m-1)!\,(j+k-m)!}{(j-1)!\,(j+k)!}$$

durch

$$\binom{j+m-1}{m-k-1}\Big/\binom{j-1}{m-k-1} \quad \text{für} \quad k \leqq m-1$$

und durch

$$\binom{j+k-m}{k-m+1}\Big/\binom{j+k}{k-m+1} \quad \text{für} \quad k \geqq m\,.$$

Ferner beachten wir für $l \leqq k \leqq m-1$ die Umformungen

$$\frac{\binom{l+j-1}{m-1}}{\binom{j-1}{m-k-1}} = \frac{\binom{j+k-m}{k-l}\binom{l+j-1}{l}}{\binom{k}{l}\binom{m-1}{k}}$$

und für $m-1 \leqq k < l$

$$\frac{\binom{l+j-1}{m-1}}{\binom{j+k}{k-m+1}} = \frac{\binom{l+j-1}{l-k-1}\binom{j+m-1}{2m-l-1}}{\binom{2m-k-2}{l-k-1}\binom{m-1}{k-m+1}}\,.$$

Damit erhalten wir wegen (12) für (14) die *Darstellung*

$$d_{ij}^{(n)} = \sum_{k=0}^{m-1} \frac{1}{n+k+1}\binom{j+m-1}{m-k-1}\sum_{l=0}^{k} \times$$
$$\times (-1)^l \binom{2m-1}{l}\binom{l+i-1}{m-1}\frac{\binom{j+k-m}{k-l}\binom{l+j-1}{l}}{\binom{k}{l}\binom{m-1}{k}} -$$
$$-\sum_{k=m}^{2m-2}\frac{1}{n+k+1}\binom{j+k-m}{k-m+1}\sum_{l=k+1}^{2m-1} \times$$
$$\times (-1)^l\binom{2m-1}{l}\binom{l+i-1}{m-1}\frac{\binom{l+j-1}{l-k-1}\binom{j+m-1}{2m-l-1}}{\binom{2m-k-2}{l-k-1}\binom{m-1}{k-m+1}}, \tag{15}$$

die nachträglich auch wieder für alle j gilt und sich natürlich noch weiter umformen ließe.

Spezielle Beispiele lauten für $m = 1$

$$b_{ij}^{(n)} = i(n+1-j)\,\frac{1}{n+1}$$

und für $m = 2$ (vgl. [2])

$$b_{ij}^{(n)} = \frac{1}{6}\,i(i+1)\,(n+1-j)\,(n+2-j) \times$$
$$\left\{-\frac{(i-1)\,(j+1)}{n+1} + \frac{3ij-(i-1)\,(j-1)}{n+2} - \frac{(i+2)\,j}{n+3}\right\}.$$

3. Dreiecksmatrizen

Für untere Dreiecksmatrizen, auf die wir uns beschränken wollen, ist $b_{ik}^{(k)} = 0$ für $i < k$. Die Formel (1) liefert uns daher für $j \leqq i \leqq n$ die bekannte Tatsache, daß die

$$b_{ij}^{(n)} = b_{ij}^{(i)}$$

von n unabhängig sind und wir somit auf den oberen Index verzichten können. Wir betrachten jetzt die unteren Dreiecksmatrizen n-ter Ordnung $A_n = (a_{ij})$ mit den Elementen

$$a_{ij} = \binom{i+m}{j} \tag{16}$$

für $i \geqq j$, wobei m eine nichtnegative ganze Zahl ist und die Indizes i, j von 0 ab laufen sollen.

Führen wir mit Hilfe der erzeugenden Funktion

$$\frac{x^m}{m!\left(e^x - \sum_{i=0}^{m-1}\frac{x^i}{i!}\right)} = \sum_{k=0}^{\infty} b_k^{(m)}\frac{x^k}{k!} \tag{17}$$

die Zahlen $b_k^{(m)}$ ein, so behaupten wir, daß die nichttrivialen Elemente der zur Matrix A_n mit den Elementen (16) inversen Matrix $A_n^{-1} = (b_{ij})$ die folgende *Darstellung* besitzen:

$$b_{ij} = \frac{\binom{i}{j}}{\binom{m+j}{j}}\,b_{i-j}^{(m)}\,. \tag{18}$$

Beweis. Aus (17) folgt nach Division durch die linke Seite

$$1 = m!\sum_{k=0}^{\infty} b_k^{(m)}\frac{x^k}{k!}\sum_{j=0}^{\infty}\frac{x^j}{(j+m)!}$$

und somit

$$\sum_{k=0}^{i}\binom{i+m}{k} b_k^{(m)} = \delta_{i0}\,. \tag{19}$$

Damit ist (18) zunächst für $j = 0$ bewiesen. Für beliebige $j \leqq i$ muß

$$\sum_{k=j}^{i}\binom{i+m}{k} b_{kj} = \delta_{ij} \tag{20}$$

gelten. Durch die Indexverschiebungen $i \to i+j$ und $k \to k+j$ ergibt sich

$$\sum_{k=0}^{i}\binom{i+j+m}{k+j} b_{k+j,j} = \delta_{i0}\,.$$

Wegen

$$\binom{i+j+m}{k+j} = \binom{i+m}{k}\frac{\binom{i+j+m}{j}}{\binom{k+j}{j}}$$

folgt durch Vergleich mit (19), da $b_{k+j,j}$ von i unabhängig ist,

$$\binom{m+j}{j} b_{k+j,j} = \binom{k+j}{j} b_k^{(m)}$$

und somit für $k + j = i$ die Behauptung (18).

Im Fall $m = 0$ ist $b_k^{(0)} = (-1)^k$, und (18) liefert das bekannte Ergebnis $b_{ij} = (-1)^{i+j}\binom{i}{j}$. Im Fall $m = 1$ sind die $b_k^{(1)}$ die *Bernoullischen Zahlen* und (19) ist die bekannte Rekursionsformel für diese Zahlen. Im Fall $m = 2$ findet man für die ersten acht $b_k^{(2)}$ die Werte

$$1,\ \frac{1}{3},\ \frac{1}{18},\ \frac{1}{90},\ -\frac{1}{270},\ -\frac{5}{1134},\ -\frac{1}{5670},\ \frac{7}{2430}\,.$$

Als Anwendung suchen wir eine *Lösung der Differential-Differenzengleichung*

$$y'(x) = \frac{1}{e}\,y(x+1) + x^i e^x \tag{21}$$

mit einer nichtnegativen, ganzen Zahl i. Da e^x und $x\,e^x$ Lösungen der zugehörigen homogenen Gleichung sind, machen wir den Lösungsansatz

$$y(x) = \sum_{k=0}^{i} c_k x^{k+2} e^x\,.$$

Einsetzen in (21) ergibt

$$\sum_{k=0}^{i} c_k x^{k+2} + \sum_{k=0}^{i} c_k (k+2)\,x^{k+1} = \sum_{k=0}^{i} c_k (x+1)^{k+2} + x^i$$

und nach Anwendung des binomischen Lehrsatzes

$$\sum_{k=0}^{i} c_k \sum_{j=0}^{k}\binom{k+2}{j} x^j = \sum_{j=0}^{i} x^j \sum_{k=j}^{i} c_k\binom{k+2}{j} = -x^i$$

sowie schließlich nach Koeffizientenvergleich

$$\sum_{k=j}^{i} c_k \binom{k+2}{j} = -\delta_{ij} .$$

Da neben (20) mit $m = 2$ auch

$$\sum_{k=j}^{i} b_{ik} \binom{k+2}{j} = \delta_{ij}$$

gilt, finden wir das Ergebnis $c_k = -b_{ik}$.

Mit den Koeffizienten $b_k^{(m)}$ kann man bei beliebigem m Polynome bilden, die im Fall $m = 1$ in die *Bernoullischen Polynome* übergehen. Die in [3] behandelten Anwendungen der letzteren Polynome in der Operatorenrechnung lassen sich auch im allgemeinen Fall durchführen, wenn man als Anfangswertprojektor das Funktional

$$Ff(t) = m \int_0^1 (1-\tau)^{m-1} f(\tau)\, d\tau$$

wählt.

Literatur

1 BERG, L., Natürlicher Ausgleich von Meßwerten mehrfach monotoner Funktionen, Rost. Math. Kolloqu. 22 (1983) 81–88

2 BERG, L., Zur numerischen Stabilität linearer Gleichungssysteme mit Bandstruktur, Nova Acta Leopoldina 22 (1983) 81–88.

3 DIMOVSKI, I. H., Convolution Calculus, Bulg. Acad. Sc., Sofia 1982.

4 FADDEJEW, D. K., FADDEJEWA, W. N., Numerische Methoden der linearen Algebra, VEB DVW, Berlin 1978 (Übers. a. d. Russ. Fizmatgiz, Moskva-Leningrad 1963).

Eingereicht am 16. 11. 1982

Anschrift: Prof. Dr. LOTHAR BERG, Wilhelm-Pieck-Universität, Sektion Mathematik, Universitätsplatz 1, DDR-2500 Rostock

ZAMM 63, 642–643 (1983)

T. M. ATANACKOVIĆ

A Note on the Thomas-Fermi Equation

1. Introduction

The Thomas-Fermi equation of atomic physics, after several changes of variables, may be written in the following form [1]

$$y'' = x^{-1/2} y^{3/2} . \tag{1}$$

The ionizied atom case is characterized by the boundary conditions

$$y(0) = 1 , \quad y(1) = 0 , \tag{2}$$

while for an isolated, neutral atom equation (2) is replaced by

$$y(0) = 1 , \quad \lim_{x\to\infty} y(x) = 0 . \tag{3}$$

The question of the existence of solutions for the boundary value problems (1), (2) and (1), (3) was studied by several authors. Modern versions of the existence theorems (for more general class of problems to which (1), (2) and (1), (3) belong) are given, for example, in [2] and [3].

In this note we shall treat the boundary value problem (1), (2) by a variational method developed in [4]. For approximate solutions we shall develop an error estimating procedure, based on the value of the functional. The error estimating procedure is new and will be illustrated by concrete example. Also we will determine an approximate solution to the boundary value problem (1), (3). Finally a comment will be made concerning the initial slope $y'(0)$ of the boundary value problem (1), (3).

2. Variational principle and error estimate

Following the procedure from [4] we find that the solution to (1), (2) minimizes the following functional

$$I(Y) = \int_0^1 \{ Y'^2 + \tfrac{2}{5} x^{-1/2} Y^{5/2} + \tfrac{3}{5} x^{1/3} (Y'')^{5/3} \}\, dx + Y'(0) , \tag{4}$$

over the space $\tilde{C}^2$ of admissible trial functions. The space $\tilde{C}^2$ consists of functions Y that are continuously differentiable on [0, 1], twice continuously differentiable on (0, 1] and identically satisfy boundary conditions (2). Let y be the exact solution to (1), (2). Then, as in [4] we have

$$I(y) = \delta I(y, \delta y) = 0 . \tag{5}$$

Expanding (4) we get

$$I(Y) = I(y) + \delta I(y, \delta y) + \delta^2 I(\psi, \delta y) , \tag{6}$$

where $\delta y = Y - y$ and

$$\psi = y + \varepsilon \delta y , \quad 0 \leqq \varepsilon \leqq 1 . \tag{7}$$

Using (4) and (5) in (6) we have

$$2I = \int_0^1 \{ 2\delta y'^2 + \tfrac{3}{2} \psi^{1/2} x^{-1/2} \delta y^2 + \tfrac{2}{3} x^{1/2} (x^{1/2} \psi'')^{-1/3} \delta y''^2 \}\, dx . \tag{8}$$

To obtain an estimate of $||\delta y'||_{L_2} = (\int_0^1 \delta y'^2\, dx)^{1/2}$ from (8) we first use BENSON's inequality [5]

$$\int_a^b \left[P u''^2 + \left(\frac{\partial G}{\partial u}\right)^2 P^{-1} + 2u' \frac{\partial G}{\partial u} + 2 \frac{\partial G}{\partial x} \right] dx \geqq$$

$$\geqq 2G(u'(b), u(b), b) - 2G(u'(a), u(a), a) , \tag{9}$$

with $a = 0$, $b = 1$ and

$$P = \tfrac{2}{3} x^{1/2} (x^{1/2} \psi'')^{-1/3} , \quad G = -\delta y' \delta y . \tag{10}$$

Using (9) and (10) the second and third terms under the integral sign in (8) can be estimated by the relation

$$\int_0^1 [\tfrac{2}{3} x^{1/2} (x^{1/2} \psi'')^{-1/3} \delta y''^2 + \tfrac{3}{2} x^{-1/2} \psi^{1/2} \delta y^2]\, dx \geqq$$

$$\geqq \int_0^1 2\delta y'^2\, dx + R(\psi) , \tag{11}$$

where

$$R(\psi) = \int_0^1 \tfrac{3}{2} x^{-1/2} [\psi^{1/2} - (x^{1/2} \psi'')^{1/3}]\, \delta y^2\, dx . \tag{12}$$

In the analysis that follows we shall distinguish two cases. Which one could be escorted depends on the properties of the function ψ.

Case i: Suppose that $R(\psi) \geqq 0$. Then, from (11) and (8) we get the estimate

$$||\delta y'||_{L_2} \leqq \left\{ \frac{I(Y)}{2} \right\}^{1/2} . \tag{13}$$

However, the boundary conditions $\delta y(0) = \delta y(1) = 0$ imply that

$$||\delta y||_{L_\infty} = \sup_{x \in (0,1)} |\delta y| \leqq \tfrac{1}{2} ||\delta y'||_{L_2} . \tag{14}$$

Combining (13) and (14) we finally have

$$||\delta y||_{L_\infty} \leqq \left\{ \frac{I(Y)}{8} \right\}^{1/2} . \tag{5}$$

Case ii: Suppose that $(x^{1/2} \psi'') \leqq 1$. Then (12) could be estimated as follows

$$R(\psi) \geqq -\tfrac{3}{2} \int_0^1 x^{-1/2} \delta y^2\, dx \geqq$$

$$\geqq -\tfrac{3}{2} ||\delta y||_{L_\infty}^2 \int_0^1 x^{-1/2}\, dx = -3 ||\delta y||_{L_\infty}^2 . \tag{16}$$

Using (11), (13), (14) and (16) in (8) we have

$$||\delta y||_{L_\infty} \leqq \left\{ \frac{2I(Y)}{13} \right\}^{1/2} . \tag{17}$$

This completes the error estimating procedure.

3. Examples

a) *Boundary value problem* (1), (2)

Motivated by the series presented in [9] we take a trial function in the form

$$Y = 1 - \tfrac{25}{12} x + \tfrac{4}{3} x^{3/2} - \tfrac{1}{4} x^{5/2} . \tag{18}$$

Using (18) in (4) the value of I becomes

$$I = 0.038877\,. \tag{19}$$

In this case the condition given in case ii is satisfied so that

$$\|\delta y\|_{L_\infty} \leqq 0.077\,. \tag{20}$$

The approximate solution (18) lies within the bounding solutions (obtained by numerical integration) tabulated in [6].

b) *Boundary value problem* (1), (3)

For the boundary value problem (1), (3) the functional (4) becomes

$$I = \int_0^\infty \{ Y'^2 + \tfrac{2}{5} x^{-1/2} Y^{5/2} + \tfrac{3}{5} x^{1/3}[Y'']^{5/3}\}\, dx + Y'(0)\,. \tag{21}$$

We take the approximate solution in the form

$$Y = (Ax + l)^{-1}\,. \tag{22}$$

Substituting (22) into (21) and minimizing we get $A = 1.444$ and $I = 0.0734$. By the same reasoning as before, instead of (8) we get

$$2I = \int_0^\infty \{2\delta y'^2 + \tfrac{3}{2} x^{-1/2} \psi^{1/2} \delta y^2 + \tfrac{2}{3} x^{1/2}(x^{1/2}\psi'')^{-1/3} \delta y''^2\}\, dx\,. \tag{23}$$

Neglecting the last two terms under the integral sign (since we can not estimate them by BENSON's inequality) the relation (23) gives

$$\|\delta y'\|^2_{L_2} \leqq 0.0734\,. \tag{24}$$

The estimate (24) is better than the one obtained in [7] with the trial function of the form $Y = e^{-\alpha x}$.

Finally we make a comment concerning the initial slope $y'(0)$ for the problem (1), (3). In [8] the following estimates were derived (we use the notation of [9])

$$\tfrac{7}{3} G(v) \leqq -y'(0) \leqq \tfrac{7}{5} J(u)\,. \tag{25}$$

Using a two parameter trial functions $u = (1 + x^{1/\alpha})^{-\beta}$ and $v = -(1 - x^{1/\alpha})^{\beta}$ to calculate J and G, respectively, a sharp estimate of $-y'(0)$ was obtained. Recently in [9] a new one parameter trial function

$$v = (1 + \alpha x^{1/2} + \tfrac{1}{4} \alpha^2 x)\, e^{-\alpha x^{1/2}}\,, \qquad \alpha = 2.528\,, \tag{26}$$

was proposed. With (26) the value of G (see [9]) is $G = 0.6803$. Using this value and the value of J calculated on $u = (1 + x^{1/\alpha})^{-\beta}$, $\alpha_1 = 1.08252$, $\beta = 2.0892$ (see [8]) the following improved bounds are obtained

$$1.587366 \leqq -y'(0) \leqq 1.5883\,. \tag{27}$$

The left hand side of (27) is larger than the corresponding estimate given in [8].

Acknowledgement

The author is indebted to Prof. V. MARIĆ for helpful discussions on the subject of this note.

References

1 LANDAU, L.; LIFCHITZ, E., Mécanique quantique, Mir Moscow 1980.
2 WONG, P. K., Pacific J. Math. **13**, 737–760 (1963).
3 GRANAS, A., GUENTER, R. B., LEE, J. W., ZAMM **61**, 204–205 (1981).
4 DJUKIC, DJ. S., ATANACKOVIĆ, T. M., J. Math. Anal. Appl. **75**, 203–218 (1980).
5 BENSON, D. C., J. Math. Anal. Appl. **17**, 292–308 (1967).
6 MOONEY, J. W., Quart. Appl. Math **36**, 305–314 (1978).
7 DJUKIC, DJ. S., ATANACKOVIĆ, T. M., J. Math. Anal. Appl. (in press).
8 IKEBE, T., KATO, T., J. Phys. Soc. Japan **12**, 201–203 (1957).
9 ANDERSON, N., ARTHURS, A. M., Quart. Appl. Math **39**, 127–129 (1981).

Received 1982, June 8

Anschrift: T. ATANACKOVIĆ, Fakultet tehničkih nauka, 21000 Novi Sad, V. Vlahovica 3, Yugoslavia

Berichtigung zu G. S. S. Ludford: Mechanics in the Applied-Mathematical World of von Mises, ZAMM 63 (1983) 7, 281—282

Der letzte Absatz S. 281 muß richtig heißen:

These examples show the scholarship for which VON MISES stood, an inseparable blend of teaching and research. The sad fact is that the American VON MISES would not have ranked very high in many a present-day College of Engineering, such are contemporary values. Very few doctoral students were under his supervision (my Ph. D. was his last and came from another university); he did not bring in much research support and would not have changed course in the slightest to get more; he had little influence in the American mechanics community (or any other professional group), interaction with other faculty was minimal; and his teaching was very individualistic. He would have (passively) resisted the current striving for relevance, as being scientifically unhealthy, and would have considered today's programmed research to be a contradiction in terms. Yet few indeed of those who believe in these criteria and concepts (which stem from the commercialization of science) will leave as deep a mark on their subjects as VON MISES did on Mechanics. The present danger is that they will control the future of mechanics (a development that VON MISES foresaw), forcing out true scholarship.

H. HEINRICH / J. FOCKE

Berichtigung zu unserer Arbeit „Über die Optimalität der Nordwesteckenregel beim Transportproblem mit bipolaren Kosten", ZAMM 63 (1983) 1, 65–68

Auf Seite 68 unserer Arbeit muß es im letzten Absatz statt des Satzes „Mit $\bar{X}$ zugleich ... Ecken von $\mathfrak{X}_{mn}\, z, s$." richtig heißen:

„Mit $\bar{X}$ zugleich ist auch jede Matrix $U^T(\overline{UXV^T})V, X \in \mathfrak{X}_{mn}[z, s]$, mit beliebigen (m, m)- bzw. (n, n)-Permutationsmatrizen U, V Ecke von $\mathfrak{X}_{mn}[z, s]$."

Außerdem muß auf Seite 65 in der Formel (3.ij) $x_{i\tau}$ durch $\bar{x}_{i\tau}$ und $x_{\sigma j}$ durch $\bar{x}_{\sigma j}$, sowie auf Seite 66 in der ersten Zeile nach Formel (18) das zweite $\hat{E}$ durch E ersetzt werden.

BUCHBESPRECHUNGEN

Dikmen, M., Theory of Thin Elastic Shells. Boston-London-Melbourne, Pitman Advanced Publ. Program 1982. XII, 364 S , £ 32.50. ISBN 0-273-08431-3 (Surveys and References Works in Mathematics 8)

Das vorliegende Buch behandelt die theoretischen Grundlagen der Mechanik homogen-isotroper Schalentragwerke. Es zeichnet sich durch eine weitgehende Verwendung koordinateninvarianter Tensorformulierungen aus und betont besonders funktional-analytische Zusammenhänge.

Nach einer Einführung in die Differentialgeometrie gekrümmter Flächen und flächenhafter Kontinua werden die mechanischen Probleme durch eine Behandlung der Schalenkinematik in verschiedenen Approximationsstufen eröffnet. Den Erhaltungssätzen für die Massenverteilung, den Impuls, den Drehimpuls sowie die innere Energie, alle hergeleitet als flächenhafte Approximationen eines Kontinuums, folgt die Skizzierung der Stoffgesetze für hyperelastische Schalen sowie des zugeordneten Hamiltonprinzips. Die beiden nächsten Kapitel zur linearen Mambran- und Biegetheorie bilden den ersten Schwerpunkt des Buches, wobei besonders die Verwandtschaft der tensoriellen Membranbeziehungen zu den bekannten komplexen Lösungsmethoden behandelt wird. Im Rahmen der Biegetheorie werden zunächst verschiedene klassische Elastizitätsgesetze aufgeführt; eine vollständige biegetheoretische Formulierung wird nur für flache Schalen geboten.

Im Fortgang des Buches ergänzt sodann ein Abriß des Cosseratkonzeptes der Schalenmechanik die eingangs wiedergegebenen asymptotischen Herleitungen. Die Abhandlungen zur Stabilität beginnen mit einer Gegenüberstellung kinetischer und energetischer Instabilitätskriterien. Nach der Skizzierung zweier Verzweigungsprobleme an Kreiszylinderschalen wird eine Indifferenztheorie für flache Schalen vorgestellt. Ebenfalls für flache Schalen findet der Leser sodann eine Darstellung der Theorie der Eigenschwingungen und Wellenausbreitung im Kapitel über Schalendynamik als weiteren Schwerpunkt des Buches. Einige Gedanken zum Unschärfebereich von Flächentragwerkstheorien sowie zu stochastischen Schalenproblemen runden den Inhalt ab.

Das Buch stellt eine kurzgefaßte Einführung in die Theorie gekrümmter Flächentragwerke dar, geschrieben in leicht lesbarem Englisch. Im grundlegenden theoretischen Teil folgt es weitgehend der bekannten Monographie von P. M. NAGHDI, ohne allerdings die konzeptionellen Verbindungen zwischen asymptotischen und direkten Herleitungen zu betonen. Das Buch sei als zusammenfassende Einführung in klassische schalentheoretische Konzepte interessierten Ingenieuren und Naturwissenschaftlern empfohlen. Der Rezensent hätte die Behandlung auch moderner Forschungsprobleme, beispielsweise Fragen der Struktur optimaler erster Approximationen sowie der darin auftretenden Differentialoperatoren oder der zugeordneten Variationsprobleme für wünschenswert gehalten, um dem Leser den Brückenschlag zu den heute bei Flächentragwerken so bedeutsamen numerischen Lösungsmethoden zu ermöglichen.

Bochum W. B. KRÄTZIG

Heinrich, M. / Ulbricht, H., Mechanik der Kontinua. WTB 182. Berlin, Akademie-Verlag 1981. 164 S., 57 S., M 8,– BN 7627978 (7182)

Das Büchlein ist eine Einführung in die Kontinuumsmechanik etwa im Stil, auf dem Niveau und mit der Zielrichtung der klassischen „Mechanik deformierbarer Medien" von Sommerfeld. In den ersten drei Kapiteln (S. 9–40) werden die Grundbegriffe erläutert (Kinematik, Deformation, Spannung). Das vierte Kapitel (S. 40–87) ist einfachen Anwendungen in der Elastomechanik gewidmet (elementare Biegetheorie, elastische Wellen, Saiten- und longitudinale Stabschwingungen). Kapitel 5 enthält (auf S. 87–157) Anwendungen aus der Hydrodynamik, vorwiegend für reibungsfreie Strömungen.

Der Stoff des Buches entspricht anderen Darstellungen, ist jedoch nicht korrekt. Es finden sich so viele Unklarheiten, Nachlässigkeiten und Fehler, daß ich das Buch beim besten Willen nicht als Lernhilfe empfehlen kann. Damit diese harsche Feststellung nicht unbewiesen bleibt, seien von vielen möglichen Beispielen für ihre Berechtigung einige genannt: Im ersten Teil wird viel Unklarheit dadurch erzeugt, daß ohne jede Begründung zwischen einer Feldbeschreibung mit „Eulerschen" Koordinaten und einer materiellen Beschreibung mit „Lagrangeschen" Koordinaten nicht unterschieden wird. Auf S. 9 haben die x_i Eulersche, auf S. 14 und S. 22/23 Lagrangesche, später wechselnd Eulersche oder Lagrangesche Bedeutung. Gleichung (2.12) ist unsinnig, da der Translationsanteil am Verschiebungsdifferential identisch verschwindet. In (4.41a) wird vorausgesetzt, daß die Verschiebungen verschwinden; dann ist die weitere Voraussetzung, daß auch ihre Rotation verschwindet, überflüssig. Aber man wundert sich, wieso unter diesen Voraussetzungen anschließend endliche Verschiebungen berechnet werden! Die Beziehung (5.61) ist nur richtig für Machzahlen $Ma_\infty \leqq 1$. Seite 111/112 bringt ein Paradebeispiel für einen Zirkelschluß: Unter Voraussetzung verschwindender Wirbelstärke wird auf Verschwinden der Wirbelstärke geschlossen.

Darmstadt E. BECKER

Hornung, H. G. / Müller, E.-A. (eds.), Vortex Motion. Proceedings, Göttingen 1982. Braunschweig-Wiesbaden, Vieweg 1982. VI, 172 S., 109 Abb., DM 46,–. ISBN 3-528-08536-3

Zahlreiche Anwendungen in natürlichen und technischen Strömungen und neuere Erkenntnisse über die Struktur der Turbulenz verstärkten in den vergangenen Jahren das seit jeher vorhandene Interesse an fluiden Wirbelbewegungen als relativ selbständigen Elementen der Strömungsfelder. Der vorliegende Berichtsband enthält 11 Vorträge eines Kolloquiums über das Thema "Vortex Motion", das im November 1982 aus Anlaß des 75. Jahrestags der Gründung der Aerodynamischen Versuchsanstalt Göttingen stattfand.

N. DIDDEN (Göttingen/Los Angeles) beschreibt experimentelle Untersuchungen über die Bildung von Wirbeln bei einer plötzlich in Gang gesetzten Düsenströmung und das Aufrollen der Wirbelflächen sowie die durch Wirbel induzierte instationäre Ablösung von Wandstrahlen. A. DYMENT (Lille) gibt einen gedrängten Überblick über bisherige Arbeiten und eigene Ansätze zur Theorie und Berechnung der bei zweidimensionalen abgelösten Strömungen entstehenden Wirbelkonfigurationen unter besonderer Berücksichtigung der Vorgänge dicht hinter der Ablösestelle. J. P. GUIRAUD und R. ZEYTOUNIAN (Chatillon) zeigen, daß für die Berechnung von Strömungsfeldern mit konzentrierten Wirbeln, deren Durchmesser klein gegen die Krümmungsradien der Wirbellinien sind, die Anwendung der Methode der asymptotischen Entwicklungen vorteilhaft ist. S. LEIBOVICH (Ithaca, N. Y.) diskutiert die Anwendung der Solitonentheorie (Korteweg-de Vries-Gleichung) und der Theorie der hydrodynamischen Stabilität auf die technisch und theoretisch bedeutsamen Phänomene des blasenförmigen und des spiralförmigen Wirbelaufplatzens und stellt einen neuen theoretischen Ansatz für axialsymmetrische Wellen großer Amplitude vor. H. LUDWIEG (Göttingen) zeigt durch Meßergebnisse an 4 Modellen, daß an Kraftfahrzeugen erhebliche Widerstandsverminderungen möglich sind, wenn man durch geeignete, die Nutzung des Fahrzeugs nur geringfügig beeinträchtigende Formgebung die Bildung von Ablösewirbeln an den Längskanten verhindert. H. J. LUGT (Bethesda, Maryland) stellt prinzipielle theoretische Betrachtungen über die vielfältigen Formen der durch Wirbelablösung hervorgerufenen periodischen Bewegungen an. D. W. MOORE (London) verwendet die Methode der Punktwirbel zur Aufstellung eines Rechenprogramms für die Entwicklung ebener Wellen an der Grenzfläche zwischen reibungsfreien Fluiden. M. S. CHONG und T. T. LIM (Melbourne) berichten über die von Head und Bandyopadhyay und in eigenen Arbeiten nachgewiesenen Wirbelstrukturen in turbulenten Grenzschichten und Mischungsschichten. R. ROTUNNO (Boulder, Col.) berichtet über Doppler-Radar-Messungen, theoretische Untersuchungen und Experimente mit dem Wardschen Tornado-Simulator zur Aufklärung der Entstehung und Entwicklung von Tornados. Den Abschluß bilden zwei Beiträge zur Theorie der ebenen Strömungen: P. G. SAFFMAN (Pasadena, Calif.) untersucht die Stabilität von Wirbelstraßen bei endlicher Größe der Wirbelkerne und J. H. B. SMITH (Farnborouhg) die Approximation abgelöster Strömungen durch konstante Wirbelbelegung des Rückströmbereichs.

Dresden H.-J. MASCHECK

Olszak, W. (ed.), Thin Shell Theory, New Trends and Applications. Wien-New York, Springer-Verlag 1980. XI, 301 S., DM 61,–. S 427,–. ISBN 3-211-81602-X (CISM Courses and Lectures 240)

Als Lehrmaterial vom CISM, Udine herausgegeben, enthält der vorliegende Band sieben Beiträge international hoch geachteter Wissenschaftler, die während der Huber Tagung des CISM über charakteristische Trends der gegenwärtigen Schalenentwicklung vorgetragen wurden. Die Forderungen nach immer größeren Abmessungen, komplizierteren Geometrien und nach Materialökonomie führen zu weiterer Abnahme der Schalendicke und Erschließung aller Materialreserven für das Tragverhalten. Deshalb wird die Aufmerksamkeit auf den gegenwärtigen Wissensstand nichtklassischer Gebiete der Schalentheorie gerichtet und werden dazu neueste Forschungsergebnisse angegeben.

W. B. KRÄTZIG bringt eine Einführung in die allgemeine lineare Schalentheorie einschließlich der konsequenten Berücksichtigung der Schubdeformation. W. T. KOITER liefert die allgemeine Theorie der Schalenstabilität. Von M. DIKMEN ist der Überblick über die Schwingungen dünner elastischer Schalen. Die Probleme der finiten Rotation der nichtlinearen Theorie dünner Schalen behandelt W. PIETRASZKIEWICZ. Grundlegende Probleme und Anwendungen inelastischer Reaktionen dünner Schalen werden von W. OLSZAK und A. SAWCZUK vorgetragen. Der Beitrag über Variationsprinzipe und Methoden der viskoelastischen flachen Schalen stammt von J. BRILLA. Und schließlich behandelt C. R. CALLADINE die statisch-geometrische Analogie in den Gleichungen dünner Schalen.

Die Beiträge stellen wegen ihrer Klarheit und theoretischen Konsequenz ein ausgezeichnetes Lehrmaterial dar. Deshalb kann man das einwandfrei gestaltete Buch jedem Wissenschaftler und Ingenieur, der sich mit der Berechnung und Entwicklung moderner Schalenkonstruktionen befaßt, wärmstens empfehlen.

Dresden K. ESCHKE

Michel, R. / Cousteix, J. / Houdeville, R. (Eds.), Unsteady Turbulent Shear Flows. IUTAM-Symposium Toulouse 1981. Berlin-Heidelberg-New York, Springer-Verlag 1981. XXI, 424 S., 283 S , DM 89,–. US $ 41.50. ISBN 3-540-11099-2

Ziel des Symposiums war es, Stand und Entwicklungstendenzen der Forschung auf dem Gebiet instationärer turbulenter Scherströmungen zu diskutieren. Die 58 Teilnehmer kamen aus 11 Ländern, die Mehrzahl aus Frankreich, den USA und Großbritannien. Der Tagungsbericht enthält 35 Beiträge.

Breiten Raum nahm die Untersuchung instationärer turbulenter Grenzschichten ein (z. B. dynamisches Verhalten einer Wandgrenzschicht bei zeitlich periodischem Gradient der Freistromgeschwindigkeit, Grenzschichten an einer schwingenden ebenen Platte sowie an schwingenden Tragflügeln). Weitere behandelte Problemkreise sind zeitlich periodische turbulente Rohr- und Kanalströmung, pulsierende Strahlen, Wirbelablösung, instationäre Nachläufe sowie die Wirbelbildung in Mischungsschichten. Einige Arbeiten sind der Untersuchung instationärer Phänomene bei Strömungsablösung gewidmet (z. B. „dreidimensionale" Ablösung an einem schräg angeströmten Rotationsellipsoid, Einfluß von Schwingungen der Wand auf die Größe des Rezirkulationsgebiets an einer konvexen Ecke). Die Problematik der kohärenten Strukturen und die Aufdeckung ihrer Eigenschaften spielt in zahlreichen Arbeiten eine wichtige Rolle.

Die meisten Arbeiten sind überwiegend experimentell angelegt. Neben vielen interessanten Ergebnissen über instationäre turbulente Scherströmungen selbst enthalten die Beiträge auch Hinweise auf die jeweils angewandten Versuchstechniken, die für auf experimentellem Gebiet arbeitende Strömungsmechaniker anregend sein werden.

Berlin G. SEIFERT

Bengtsson, L. / Lighthill, J. (eds.), Intense Atmospheric Vortices. Proceedings. Berlin-Heidelberg-New York, Springer-Verlag 1982. XII, 326 S., 195 Abb., DM 56,–. US $ 23.40. ISBN 3-540-11657-5 (Topics in Atmospheric and Oceanographic Sciences)

Es handelt sich um Vorträge eines Symposiums, das im Sommer 81 in England im Europlan Centre for Medium Range Weather Forecasts stattfand. Es waren 34 Experten aus aller Welt versammelt, 24 Beiträge liegen vor. Gesprochen wurde über Beobachtungen, experimentelle Modelle und theoretische und numerische Untersuchungen an Hurrikans und Tornados.

Im Mittelpunkt standen die verschiedenen Mechanismen der Wirbelintensivierung. Während Hurrikans sich im Laufe von Stunden bis Tagen entwickeln und wesentlich durch die Corioliskraft beeinflußt werden, kommen Tornados in Minuten bis Stunden zustande und haben ihre Ursache in Störungen der atmosphärischen Grenzschicht.

Im einzelnen wird die Entstehung und Intensivierung tropischer Wirbelstürme, grundlegende Probleme ihrer Theorie und die Aufklärung ihrer Struktur mit Hilfe von Satelliten und Flugzeugen erörtert. Es scheint gesichert, daß Hurrikans sich über einer warmen Meeresoberfläche aus einer Tiefdruckfurche im Passat entwickeln können, sofern darüber in größeren Höhen eine genügend starke Gegenströmung vorhanden ist. In Betracht kommen daher nördliche Breiten zwischen 5 und 8 Grad von Juli bis September. Während die meisten Untersuchungen sich auf Stürme über den tropischen Gewässern des Atlantik beziehen, beschäftigt sich ein Beitrag mit numerischen Experimenten, welche den Einfluß von Taifunen auf Niederschläge in Nordchina zum Gegenstand haben. Bei den Tornados spielen neben theoretischen und numerischen Analysen auch Nachbildungen im Labor eine Rolle. Solche Experimente reichen weit in die Geschichte zurück; u. a. wird ein Bild von 1785 wiedergegeben.

Insgesamt handelt es sich um sehr moderne Forschungen, welche mit großem technischen und finanziellen Aufwand betrieben werden.

Berlin J. FÖRSTE

Fiszdon, W. (ed.), Rarefied Gas Flows. Theory and Experiment. Wien-New York, Springer-Verlag 1981. VIII, 524 S., Ö. S. 686,–. DM 98,–. ISBN 3-211-81595-3 (CISM Courses and Lectures 224)

Zentrales Thema dieses Buches ist die Boltzmanngleichung (BG). Die klassische Rolle dieser Gleichung bestand in der Rückführung der kontinuums-thermomechanischen Bilanzgleichungen für die Gasbewegung auf ihre molekularkinetische Basis. Diese Rückführung ermöglicht es, die in der phänomenologischen Kontinuumstheorie offenbleibenden Transportgrößen aus der Wechselwirkung der Moleküle zu berechnen. In der neueren Zeit erhielt das Studium der BG durch die Raumfahrt wieder starken Auftrieb. Viele Strömungsvorgänge in der Raumfahrt lassen sich nämlich kontinuumsmechanisch nicht mehr beschreiben. "Rarefied Gasdynamics" hat sich als selbständiger Forschungszweig etabliert, mit regelmäßigen internationalen Tagungen, und es ist nur natürlich, daß das Internationale Zentrum der Mechanik-Wissenschaften (CISM) in Udine diesem Gebiet einen Kurs gewidmet hat. Die fünf Vorlesungen dieses Kurses sind im vorliegenden Band zusammengefaßt. Allerdings vermißt man eine Angabe des Datums, zu dem der Kurs stattfand. Studiert man die Literaturverzeichnisse der einzelnen Beiträge, so kommt man zu dem Schluß, daß seit diesem Datum etwa ein Jahrzehnt vergangen sein muß. Bei der derzeitigen raschen Entwicklung der Theorie der BG bedeutet dies eine beachtliche Einbuße an Aktualität. Dies ist nicht zuletzt deshalb zu bedauern, weil ein erheblicher Teil des Buches auf einem vorwiegend nur Spezialisten zugänglichen Niveau geschrieben ist; für sie sind aber nur aktuelle Beiträge interessant.

Der erste Beitrag von C. CERCIGNANI behandelt Lösungsmethoden der BG. In sehr knapper, aber praegnanter Darstellung gibt er nicht nur einen Überblick über Näherungsverfahren (z. B. die BGK-Methode), sondern diskutiert auch wesentliche Charakteristika der BG sowie die zu ihrer Herleitung nötigen Annahmen und stellt die BG in den größeren Rahmen der Liouvillegleichung. Der rund 100 Seiten lange Beitrag kann dem aufmerksamen und bemühten Leser eine Fülle von Einsichten vermitteln. Der folgende Beitrag von J. P. GUIRAUD nimmt mit ca. 260 Seiten die Hälfte des Buches ein. Er beginnt mit einer Diskussion der Eigenschaften des Stoßoperators der BG, inklusive einer Erörterung des H-Theorems für verschiedene Randbedingungen (mit einer — hier unerwarteten — Diskussion des asymptotischen Verhaltens der Lösungen der Oseen-Gleichungen). Das zweite Kapitel enthält in ausführlicher Darstellung einen Existenzbeweis für die linearisierte BG, das dritte einen solchen für die nichtlineare BG. Der Aufwand an Funktionalanalysis und der Formalismus sind erheblich. Der anschließende Aufsatz von S. NOCILLA über die Wechselwirkung von Gas und Wand (45 Seiten) macht nicht recht das Wesentliche klar; er hinterläßt den Eindruck, daß hier vor allem noch experimentelle Information gesammelt werden muß. J. J. SMOLDEREN gibt im vierten Beitrag (30 Seiten) einen kurzen, mehr aufzählenden als erläuternden Überblick über experimentelle Methoden zur Erzeugung und Messung hochverdünnter Gasströmungen und über einige experimentelle Resultate. Der Aufsatz enthält keine einzige Abbildung; auch fehlt ein Literaturverzeichnis für die vielen in ihm erwähnten Arbeiten. Ein beliebtes, weil relativ einfaches Testbeispiel für den Vergleich der aus der BG nach verschiedenen Näherungs- und numerischen Verfahren hergeleiteten Ergebnisse sowohl mit experimentellen Resultaten als auch mit Ergebnissen der Kontinuumstheorie, ist die Struktur von Verdichtungsstößen. Mit solchen Vergleichen beschäftigt sich W. FISZDON im letzten Beitrag (80 Seiten). Er ist in einem klaren und gut lesbaren Stil geschrieben und gibt einen guten Überblick sowohl über die Problematik als auch die Ergebnisse des Vergleichs.

Wie bei einem Buch der vorliegenden Art unvermeidlich, gibt es zwischen den einzelnen Beiträgen viele Überschneidungen. Druck und Bildwidergabe sind nach heutigen, bescheidener gewordenen Maßstäben zufriedenstellend.

Darmstadt E. BECKER

Elliott, R. J., Stochastic Calculus and Applications. Berlin-Heidelberg-New York, Springer-Verlag 1982. IX, 302 S., DM 112,–. US $ 44.80. ISBN 3-540-90763-7 (Applications of Mathematics 18)

This monography presents a systematic treatment of the modern theory of semimartingales, stochastic integrals and stochastic differential equations, with applications in nonlinear filtering and stochastic control.

It is developed within the martingale approach and presents main parts of the semimartingale theory which was mainly developed by the French school represented by MEYER, DELLACHERIE, JACOD and others. The book is mainly directed to applied mathematicians, systems theorists, electronic engineers and other scientists who formulate their problems in the framework of stochastic analysis. One object is to propagate the French general theory of random processes which seems to be not widely taught and appreciated up to now. This is surprising because this theory is very useful also in applied fields. One reason for this situation seems to be the relatively high mathematical level which is necessary to work with this theory The monography provides a self-contained presentation of the theory. The reader must be familiar with the contents of usual courses in probability, measure theory and stochastic processes.

The author follows in his presentation mainly the original works of the French school. Further, the approaches of LIPTSER, SHIRYAYEV, KALLIANPUR and NEVEU play an important role in this book.

The proofs are given in detail. Unfortunately there are only a few examples and more or less no exercises. Because of the aim to reach the results of the stochastic calculus in a direct manner no extensions of the theory are given. Obviously, it is quite difficult to present this relatively complicated theory for a large audience. After reading this book it remains the impression that it might be still to abstract for those who are not specialists in stochastic analysis. The book is only useful to a reader who is already familiar with the theory of stochastic processes and related fields.

The contents covers such notions as Conditional expectation, uniform integrability, filtrations, stopping times, martingales, predictable and totally inaccessible stopping times, the optional and predictable σ-fields, processes of bounded variation, the Doob-Meyer decomposition, square integrable martingales, quadratic variation processes, stochastic integration, semimartingales, the Itô formula, the exponential formula, Girsanov's Theorem, stochastic differential equations, random measures, optimal of stochastic processes, nonlinear filtering

At the end of the book we find an extended bibliography.

Berlin E. PLATEN

Alefeld, G. / Grigorieff, R. D. (Eds.), Fundamentals of Numerical Computation (Computer-Oriented Numerical Analysis) Edited in Cooperation with Albrecht, R. / Kulisch, U. / Stummel, F., Computing Supplementum 2. Wien-New York, Springer-Verlag 1980. VII, 229 S, 34 Abb, DM 98,–. S 690,–. US $ 57.90. ISBN 3-211-81566-X

Der vorliegende Band enthalt eine Auswahl von Vorträgen, die auf der 1979 an der Technischen Universität Berlin (West) veranstalteten Konferenz "Fundamentals of Numerical Computation" gehalten worden sind. Wie der Untertitel "Computer- Oriented Numerical Analysis" andeutet, stehen die Beiträge in mehr, manchmal auch weniger direkter Beziehung zur Numerischen Mathematik.

Dem Problemkreis der Konstruktion gesicherter Lösungseinschließungen mittels intervallmathematischer und verwandter Methoden ist ein größerer Komplex von Beiträgen gewidmet: E. ADAMS zeigt an einigen einfachen Beispielen des Typs $Au = f$ Möglichkeiten zur Lösungseinschließung. S. M. MARKOV betrachtet erweiterte Intervalloperationen und deren Anwendung speziell auf Newton Typ-Verfahren für skalare Gleichungen, während R. E. MOORE Existenztests, Konvergenztests für Newton-Typ-Verfahren und gewisse n-dimensionale Bisektionsverfahren für Lösungen nichtlinearer Gleichungssysteme diskutiert. Mit Lösungseinschließungen linearer Intervallgleichungssysteme unter Verwendung einer explizit vorliegenden Inversen befassen sich S. M. RUMP und E. KAUCHER. Schließlich untersucht CH. ULLRICH das Verhalten von iterativen Verfahren vom Typ der sukzessiven Approximation im Raum der Computerzahlen, speziell deren Monotonieverhalten und das Auftreten von Zyklen.

Ein zweiter Komplex von Arbeiten befaßt sich mit Computer- und Intervallzahlen sowie damit zusammenhängenden praktischen und theoretischen Problemen: R. ALBRECHT gibt eine abstrakte Charakterisierung von Rundungsoperationen und deren Eigenschaften in geordneten Mengen. Als spezielles Anwendungsproblem aus diesem Fragenkreis untersucht W. OBERAIGNER die effektive Multiplikation von Computerzahlen mit hoher Genauigkeit. Eine detaillierte Diskussion von erweiterten Intervall-Räumen, in denen auch Intervalle negativer Länge zugelassen sind, ist bei E. KAUCHER zu finden. U. W. KULISCH und W. L. MIRANKER befassen sich mit der abstrakten Einführung und Charakterisierung von Intervalloperationen. Eine ausführliche Erörterung endlicher Kettenbruchdarstellungen reeller Zahlen und darauf basierender Arithmetiken als denkbare Alternative zur heute üblichen Zahldarstellung durch Entwicklung nach einer festen Basis gibt die umfangreiche Arbeit von D. W. MATULA und P. KORNERUP.

Ein dritter Komplex hat Software-Probleme zum Gegenstand: I. M. YOHE berichtet über ein Programmpaket für mehrfachgenaue Intervallarithmetik, bei dessen Konzeption die leichte Übertragbarkeit auf unterschiedliche Rechner im Vordergrund steht. Der automatischen Differentiation von Funktionen, die durch FORTRAN-Subroutinen gegeben sind, ist der Beitrag von L. B. RALL gewidmet; diese Problematik spielt bei der Lösung nichtlinearer Gleichungs- und Differentialgleichungssysteme hoher Dimension eine große Rolle. F. W. I. OLVER geht auf die Berechnung elementarer Funktionen in beliebiger Genauigkeit und für beliebigen Argumentbereich unter Verwendung mehrfachgenauer Arithmetik ein, als Beispiel wird e^x betrachtet.

Den vierten Komplex bilden zwei Arbeiten zur Rundungsfehleranalyse numerischer Algorithmen, die beide methodischen Charakters sind. Die Autoren sind R. SCHERER und K. ZELLER sowie F. STUMMEL.

Die Beiträge demonstrieren insgesamt den in den letzten Jahren erzielten Fortschritt bei der Erschließung der mathematisch wenig bearbeiteten Lücke zwischen klassischer numerischer Analysis und realer Computermathematik. Sie sind — zumindest im Überblick — jedem angewandten Mathematiker zur Lektüre zu empfehlen.

Halle H. SCHWETLICK

Allgower, E. L. / Glashoff, K. / Peitgen, H.-O. (eds.), Numerical Solution of Nonlinear Equations. Proceedings, Bremen 1980. Berlin-Heidelberg-New York, Springer-Verlag 1981. XIV, 440 S., DM 48,50. US $ 20.70. ISBN 3-540-10871-8 (Lecture Notes in Mathematics 878)

This book is a collection of several articles on numerical methods for nonlinear equations and on the study in nonlinear behaviour by means of such methods. Beyond all question there is a great interest in these topics in numerical analysis and nonlinear systems research as well. To sketch the contents we restrict ourselves and quote the headlines of the lectures only.

Most of the contributions deal with homotopy methods and bifurcation problems including discretization of operator equations. These are: E. L. ALLGOWER: A survey of homotopy methods for smooth mappings, E. L. ALLGOWER; K. BÖHMER; S. MCCORMICK: Discrete correction methods for operator equations, K.-H. BECKER; R. SEYDEL: A Duffing equation with more than 20 branch points, K. GEORG: Numerical integration of the Davidenko equation, R. B. KEARFOTT: A derivative-free arc continuation method and a bifurcation technique, M. KOJIMA: An introduction to variable dimension algorithms for solving systems of equations, H. O. PEITGEN; K. SCHMITT: Positive and spurious solutions of nonlinear eigenvalue problems, H. PETERS: Change of structure and chaos for solutions of $\dot{x}(t) = -f(x(t-1))$, H. W. SIEGBERG: Chaotic mappings on S^1, periodics one, two, three imply chaos on S^1, H. WEBER: On the numerical approximation of secondary bifurcation problems.

A second group is concerned with fixed point algorithms, especially simplicial algorithms, and other iterative methods: L. COLLATZ: Einschließungssätze für Fixpunkte, K. GEORG: A numerically stable update for simplicial algorithms, K.-H. HOFFMANN: Fixpunktprinzipien und freie Randwertaufgaben, G. v. d. LAAN; A. J. J. TALMAN: Labeling rules and orientation: On Sperner's Lemma and Brouwer degree, H. D MITTELMANN: On the numerical solution of contact problems, W. WERNER: Some improvements of classical iterative methods for the solution of nonlinear equations. A special application is treated by F. STENGER: An algorithm for ultrasonic tomography based on inversion of the Helmholtz equation.

Berlin G. LIPPOLD

Schwarz, H. R., FORTRAN-Programme zur Methode der finiten Elemente Teubner Studienbücher. Stuttgart, B. G. Teubner 1981. 208 S., DM 21,80. ISBN 3-519-02064-5

Als Ergänzung zum Teubner Studienbuch „Methode der finiten Elemente", rezensiert in ZAMM 61 (1981) Nr. 1, wurden von H. R. SCHWARZ auch die FORTRAN-Programme mit zusätzlicher Programmbeschreibung und die Testbeispiele, die den im vorhergehenden Studienbuch behandelten Mechanikaufgaben und numerischen Verfahren zugrunde lagen, in der gleichen Reihe veröffentlicht. Dadurch hat der Benutzer des zuerst erschienenen Buches nun auch die Möglichkeit, die Rechnungen ohne eigene Mühe nachzuvollziehen. Die numerischen Verfahren sind wieder aus Zweckmäßigkeitsgründen von den FEM-Prozeduren getrennt worden.

Ein Abschnitt enthält Programme zur Berechnung von Elementmatrizen für Stäbe, Balken, Scheiben, Platten und Potentialprobleme. In einem weiteren Abschnitt werden die Programme zum Aufbau von Gesamtsteifigkeits- und Gesamtmassenmatrizen für Fachwerke, Rahmen, Scheiben- und Plattenaufgaben sowie für elliptische Rand- und Eigenwertprobleme wiedergegeben. Die Einarbeitung von Randbedingungen in diese Matrizen erfolgt jeweils nachträglich durch gesonderte Programme.

Zur Lösung der linearen Gleichungssysteme sind Programme für Band- und Skylinematrizen nach dem Cholesky-Verfahren und für kompakt gespeicherte Matrizen nach der Methode der konjugierten Gradienten vorhanden. Für Eigenwertaufgaben stehen Programme für die simultane Vektoriteration für Skylinematrizen und die Bisektionsmethode sowie simultane Koordinatenüberrelaxation für kompakt gespeicherte Matrizen zur Verfügung. In diesen Numerik-Programmen ist bei relativ geringem Aufwand eine sehr hohe Effektivität erreicht worden. Im abschließenden Abschnitt mit den Hauptprogrammen begegnet der Leser allen Beispielen wieder, die er schon aus dem früher erschienenen Studienbuch kennt.

Die Erläuterungen zu den Programmen sind knapp aber ausreichend, das gesamte Programmsystem ist im vorliegenden Bande vollständig enthalten. Alle Programme sind vom Terminal der Rechenanlage gedruckt worden. Das Druckbild der Programme im Buch ist brillant, man erkennt hier wirklich jedes Zeichen zweifelsfrei. Die Programme lassen sich nicht nur auf der IBM 3033, sondern auch auf den ESER-Anlagen direkt verwenden.

Innerhalb des selbstgesteckten Rahmens, nämlich der Behandlung von Rand- und Eigenwertaufgaben des Laplaceoperators, von Stabtragwerken, Scheiben und Platten, ist dem Verfasser in den beiden Teubner Studienbüchern eine Darstellung gelungen, die für weitere Einführungen in die Methode der finiten Elemente Maßstäbe setzt.

Berlin L. KNOFEL

Plachky, D., Stochastik II. Eine maßtheoretische Einführung in Grundbegriffe der Wahrscheinlichkeitstheorie und Mathematischen Statistik. Wiesbaden, Akademische Verlagsgesellschaft 1981. 160 S., 29 80 DM ISBN 3-400-00399-9 (Studientexte)

Im Unterschied zum Band „Stochastik I" wendet sich der Autor an Mathematikstudenten mit abgeschlossenem Grundstudium. Die Zielstellung des Buches ist, eine maßtheoretische Grundlegung der Wahrscheinlichkeitstheorie und Mathematischen Statistik zu geben.

Ausführlich wird in die Maß- und Informationstheorie eingeführt. Es zeigt sich, daß es dem Autor neben der Darlegung der formalen Theorie wesentlich darauf ankam, das intuitive Verständnis und die praktische Anwendung der Begriffe und Aussagen zu fördern. Die Beweise sind so geführt, daß der Beweisgedanke klar erkennbar ist und die Schlußweisen überschaubar und verständlich sind. Die aufgenommenen Beispiele sind oft so dargestellt, daß sie theoretische Aussagen enthalten.

Nach der Einführung in die Grundbegriffe der Maßtheorie werden meßbare Abbildungen, induzierte Maße und die Integration von meßbaren numerischen Funktionen behandelt. Die Sätze von TONELLI und FUBINI und von RADON und NIKODÝM werden dargestellt. Die folgenden beiden Kapitel sind der Anwendung der maßtheoretischen Hilfsmittel in der Wahrscheinlichkeitstheorie und in der Mathematischen Statistik gewidmet. Beispielsweise wird der Begriff des bedingten Erwartungswertes, der bereits in „Stochastik I" für reellwertige Zufallsgrößen mit einer diskreten Verteilung definiert wurde, auf Zufallsgrößen mit einer beliebigen Verteilung verallgemeinert. Als Beispiel für die Anwendung in der Mathematischen Statistik wurde vom Autor die Schätztheorie, insbesondere die Suffizienz und Vollständigkeit von Schätzfunktionen gewählt. Das Faktorisierungskriterium von NEYMANN und FISCHER wird bewiesen, als Anwendung könnte sich hier die Einführung von Exponentialfamilien anschließen.

Die Zielstellung des Buches wurde voll erreicht. Die beiden Bände, die noch durch einen Übungsband ergänzt werden sollen, stellen ein hervorragendes Material für die Grundvorlesung Wahrscheinlichkeitstheorie und Mathematische Statistik dar.

Berlin G. SCHMIDT

EINGEGANGENE BÜCHER

Bei der Schriftleitung sind folgende Bücher eingegangen (ausführliche Besprechung bleibt vorbehalten).

Zanke, U., Grundlagen der Sedimentbewegung. Berlin-Heidelberg-New York, Springer-Verlag 1982. XII, 402 S., 188 Abb., DM 58,–. US $ 25.80. ISBN 3-540-11672-9

Hoppe, W. / Lohmann, W. / Markl, H. / Ziegler, H. (Hrsg.), Biophysik. 2., neubearb. Auflage. Berlin-Heidelberg-New York, Springer-Verlag 1982. XXIV, 980 S., 856 Abb, DM 168,–. US $ 74.60. ISBN 3-540-11335-5

Junge, H. -D., Technik-Wörterbuch: Technische Kybernetik, Grundlagen und Anwendungen. Englisch-Deutsch, Deutsch-Englisch, mit ca. 24000 Wortstellen. Berlin, VEB Verlag Technik 1982. 564 S., M 55,–. BN 553 112 0

Zander, H. J., Logischer Entwurf binärer Systeme. Berlin, VEB Verlag Technik 1982. 272 S., 203 Abb., M 36,–. BN 553 104 0

Collatz, L. / Meinardus, G. / Wetterling, W. (Hrsg.), Differential-Differenzengleichungen. Anwendungen und numerische Probleme. Tagung, Oberwolfach 1982. Basel-Boston-Stuttgart, Birkhäuser Verlag 1983. 196 S., sFr. 42.–. ISBN 3-7643-1499-0 (ISNM 62)

Bergström, R. / Wold, H., Fix-Point Estimation in Theory and Practice. Göttingen, Vandenhoeck & Ruprecht 1983. 128 S., DM 36.00. ISBN 3-525-11257-2 (Angewandte Statistik und Ökonometrie 23)

Lambert, P. J. / Poskitt, D. S., Stationary Processes in Time Series Analysis: The Mathematical Foundations. Göttingen, Vandenhoeck & Ruprecht 1983. 127 S., DM 36,–. ISBN 3-535-11256-4 (Angewandte Statistik und Ökonometrie 22)

Drazin, P. G. / Reid, W. H., Hydrodynamic Stability. Cambridge, Cambridge University Press 1983. XIV, 527 S., £ 12.50 A P/B. ISBN 0-521-28980-7

Die Methode der finiten Elemente in der Festkörpermechanik. Autorenkollektiv der DDR und UdSSR unter wissenschaftl. Redaktion von J. Altenbach und A. S. Sacharov. Leipzig, VEB Fachbuchverlag 1982. 496 S., 275 Abb., M 80,–. BN 546 600 7

Baumgärtel, H. / Wollenberg, M., Mathematical Scattering Theory. Berlin, Akademie-Verlag 1983. 449 S., M 80,–. BN 763 024 5 (6660) (Mathem. Lehrbücher und Monographien 59)

Barnhill, R. E. / Boehm, W. (eds.), Surfaces in Computer Aided Geometric Design. Amsterdam-New York-Oxford, North-Holland Publ. Co. 1983. XVI, 216 S., US $ 46.75. Dfl. 110.00. ISBN 0-444-86550-0

Turbulent Shear Flows 3. Selected Papers from the Third International Symposium at University of California, Davis, 1981. Eds.: Bradbury, L. J. S. / Durst, F. / Launder, B. E / Schmidt, F. W / Whitelaw, J. H., Berlin-Heidelberg-New York, Springer-Verlag 1982. VIII, 321 S., 244 Abb., DM 140,–. US $ 56.00. ISBN 3-540-11817-9

Jahrbuch Überblicke Mathematik 1982. Hrsg.: Chatterji, S. D. / Fenyö, I. / Fuchssteiner, B. / Kulisch, U. / Laugwitz, D. / Liedl, R., Mannheim-Wien-Zürich, B. I.-Wissenschafsverlag 1982. 218 S., DM 38,–. ISBN 3-411-01650-7

Handbuch der Bedienungstheorie I. Grundlagen und Methoden. Autorenkollektiv unter Leitung von B. W, Gnedenko / D. König. Berlin, Akademie-Verlag 1983. 519 S.. M 85,–. BN 7623379 (6369/1)

Brøndsted, A., An Introduction to Convex Polytopes. Berlin-Heidelberg-New York. Springer-Verlag 1983. VIII, 160 S., 3 Abb., DM 69,–. US $ 28.50. ISBN 3-540-90722-X (Graduate Texts in Mathematics 90)

Aubin, T., Nonlinear Analysis on Manifolds. Monge-Ampère Equations Berlin-Heidelberg-New York, Springer-Verlag 1982. XII, 204 S., DM 79,–. US $ 32.70. ISBN 3-540-90704-1 (Grundlehren der mathematischen Wissenschaften 252)

Vukobratović, M. / Potkonjak, V., Scientific Fundamentals of Robotics 1 (in 5 Bänden): Dynamics of Manipulation Robots, Theory and Application. Berlin-Heidelberg-New York, Springer-Verlag 1982. XIII, 303 S., 149 Abb., DM 82,–. US $ 36.40. ISBN 3-540-11628-1 (Communications and Control Engineering Series)

Vukobratović, M. / Stokić, D., Scientific Fundamentals of Robotics 2 (in 5 Bänden): Control of Manipulation Robots, Theory and Application. Berlin-Heidelberg-New York, Springer-Verlag 1982. XIII, 363 S., 111 Abb., DM 98,–. US $ 43.60. ISBN 3-540-11629-X (Communications and Control Engineering Series)

Hung, Y. S. / MacFarlane, A. G. J., Multivariable Feedback: A Quasi-Classical Approach. Berlin-Heidelberg-New York, Springer-Verlag 1982. VI, 182 S, DM 23,50. US $ 9.80. ISBN 3-540-11902-7 (Lecture Notes in Control and Information Sciences 40)

Cebeci, T. (ed.), Numerical and Physical Aspects of Aerodynamic Flows. Berlin-Heidelberg-New York, Springer-Verlag 1982, X, 636 S., 302 Abb., DM 180,–. US $ 72.00. ISBN 3-540-11044-5

Lichtenberg, A. J. / Lieberman, M. A., Regular and Stochastic Motion. Berlin-Heidelberg-New York, Springer-Verlag 1983. XXI, 499 S., 140 Abb., DM 108,–. US $ 44.60. ISBN 3-540-90707-6 (Applied Mathematical Sciences 38)

Braun, M. / Coleman, C. S. / Drew, D. A. (eds), Differential Equation Models. Reprint. Berlin-Heidelberg-New York, Springer-Verlag 1983. XIX, 380 S., 166 Abb., DM 69,–. US $ 29.80. ISBN 3-540-90695-9 (Modules in Applied Mathematics 1)

Brams, S. J. / Lucas, W. F. / Straffin, P. D., jr., (eds.), Political and Related Models. Berlin-Heidelberg-New York, Springer-Verlag 1983 XX, 396 S., 28 Abb., DM 72,–. US $ 29.80. ISBN 3-540-90696-7 (Modules in Applied Mathematics 2)

Zeitschrift für Angewandte Mathematik und Mechanik is indexed in Current Contents / Physical, Chemical & Earth Sciences, and the Science Citation Index.

FSC
www.fsc.org
MIX
Papier | Fördert gute Waldnutzung
FSC® C083411

Kolibri 360 GmbH
Ferdinand-Jühlke-Straße 7
99095 Erfurt, Deutschland
produktsicherheit@kolibri360.de